Buffon und Lacepede Naturgeschichte der Fische.

Nach dem Französischen mit einigen Anmerkungen begleitet

von

Ph. Loos,
Mitglied der Churmaynzischen Gesellschaft nützlicher Wissenschaften.

Erster Band, zweite Abtheilung, mit 16 Kupfern.

Berlin, 1799.
In der Buchhandlung des Geh. Commerzien-Raths Pauli.

Lacepede
Mitglied des National-Instituts und Professor an dem Museum der Naturgeschichte zu Paris

Naturgeschichte
der
Fische
als
eine Fortsetzung von Buffons Naturgeschichte.

Nach dem Französischen mit einigen Anmerkungen begleitet
von
Ph. Loos,
Mitglied der Churmaynzischen Gesellschaft nützlicher Wissenschaften.

Erster Band, zweite Abtheilung, mit 16 Kupfern.

Berlin, 1799.
In der Buchhandlung des Geh. Commerzien-Raths Pauli.

Inhalt

des

ersten Bandes, 1ster Theil

von

Lacepede Natur-Geschichte der Fische.

X Vierte

Der

Inhalt

des

ersten Bandes, 2r Theil

von

Lacepede Natur-Geschichte der Fische.

Der

Zweite

Der

Der

Der

Anzeige der im ersten Bande, 1r und 2r Theil von Lacepede Naturgeschichte der Fische enthaltenen Abbildungen.

20. Der

58. Das

	Taf.	Nr.	Th.	S.
58. Das punktirte Viereck.	21	1	2	875
59. Der Nasenbeinfisch.	21	2	2	879
60. Der Seestier.	21	3	2	898
61. Das stachellose Viereck.	22	1	2	884
62. Der schwimmende Kopf.	22	2	2	959
63. Der chinesische Schlangenfisch.	22	3	folgt der Text im 2ten Band.	
64. Bauchkieme Dombay.	23	1	Deßgleichen 2	
65. Das Dreyhorn Lister.	23	2	2	895
66. Lapadogestera Gouan.	23	3	folgt der Text im 2ten Band.	
67. Derselbe von unten anzusehen.	23	4	Deßgleichen	
68. Der ungeflekte Stachelbauch.	24	1	2	925
69. Der Seekröpfer.	24	2	2	926
70. Die Stachelhügel.	24	3	folgt der Text im 2ten Band.	
71. Der geflekte Stachelbauch.	25	1	2	941
72. Der gestreifte eiförmige Stachelbauch.	25	2	2	941
73. Der runde Stachelbauch.	25	3	folgt der Text im 2ten Band.	

Druckfehler im ersten Band.

Seite 256. Rubrik 12 steht Raie bouclia statt Raie bouclée.

Seite 387. Zeile 18, steht Farbe, statt harte.

Ebendaselbst in der Anmerkung, Zeile 1 lese man Menschenfresser statt Dornhay.

Seite 388. Zeile 11, steht Dornhay statt Menschenfresser.

Seite 388. Zeile 7, steht kostbare statt kostbarer.

— 400. — 11, steht palangries, statt palangriers.

— — — 28, steht cordes pas fond, statt cordes par fond.

— 448. in der Rubrik 21, steht aquilat statt aiguillat.

— 449. in der Rubrik 24, steht Sqaale, statt Squale.

— 496. Zeile 5, lese man Meister, statt Meiner.

— — — 8, steht andern, statt andere.

— — — 23, steht den, statt dem.

Wegen der weiten Entfernung des Herausgebers vom Druckort, bittet man die übrigen, minder wichtigen zu entschuldigen.

Nachricht für den Buchbinder.

Die Kupfer werden nach der Ordnung der oben auf jeder Tafel zur rechten Hand befindlichen Zahlen hinten an den 1sten Band 2r Theil an ein Blatt Papier, damit sie bequem heraus geschlagen werden können, angekleistert.

Naturgeschichte

der

Fische.

1ster Band, 2te Abtheilung, mit 16 Kupfern.

Die Langnase *).
(Squale Long-Nez.)

Dieser Hay hat seine Benennung von der Länge seiner Schnauze erhalten, welche außerdem kegelförmig gebildet, und mit Poren durchlöchert ist. Die Zähne sind lang, scharf, und die Augen ziemlich groß. Die erste Rückenflosse

*) Squalus cornubicus. Linné ed Gmelin.

Chien de Mer nez, Broussonnet, Memoires de l'Acad. des sciences de paris pour l'Anneé 1780.

Chien de Mer nez. Bonnaterre, planches de l'Encyclopedie.

Porbeagle. Borlase Cornub. p. 265. t. 26. n. 4.

flosse sitzt ohngefähr in der Mitte der Länge des Körpers, die zweite, welche viel kleiner, sizt näher an dem Ende des Schwanzes, als die Afterflosse, die ihr an Länge gleich ist.

Die Schwanzflosse ist in zwei Flügel abgetheilt, wovon der obere länger ist, als der untere. Die Brustflossen sitzen ohngefähr in der Mitte der Entfernung, welche die Bauchflossen von der Spitze der Schnauze trennt. Am merkwürdigsten ist bey diesem Hay die Seitenlinie, welche oberhalb den Augen anfängt, und sich gegen die Schwanzflosse zu mit einer länglichten Falte endigt.

Es scheint, daß der Hay, von welchem Duhamel *) unter dem Namen Touille-boeuf redet, so wie derjenige, den Pennant **) bekannt gemacht, und den er mit dem Namen Beaumaris bezeichnet, nur mehr oder minder bleibende Abarten der Lang-Nase sind, welche leztere gewöhnlich an den Küsten von Kornwallis gefunden wird.

*) Touille boeuf, Duhamel Traité des pêches, 2. Sect. 9.

**) Beaumaris Shark. Pennant Zoolog. britt. (Second. edition) p. 104. t. 17.

Hay Philipp *).
(Squale Philippe).

Dieser Hay ist während der Reise des Kapitain Philipp nach Botanybay im Hafen Jakson in Neu-Holland gesehen worden; und ich glaube daher, ihm einen Namen geben zu müssen, der zugleich an den Seefahrer erinnerte, dem wir dessen Kenntniß verdanken.

Die Bildung dieses Thiers ist merkwürdig. Dicht bey den Augen erblickt man eine Vorragung oder Höcker, dessen Länge ohngefähr dem achten Theil der ganzen Länge gleich

*) Squalus Port Jakson, voyage des Capitaine Philipp à Botauy Bay, 4en edition, englisch herausgekommen zu London 1790.

kommt. Der Mund ist mit einer großen Menge Zähne besetzt, welche in zehn bis eilf Reihen geordnet sitzen. Bei dem zu Port Jakson gefangenen Hay waren die vordersten Zähne die kleinsten, vielleicht waren es bloße Ergänzungszähne, welche erst seit kurzem die älteren ersetzt hatten, und die größer geworden wären, wenn das Thier länger gelebt hätte.

Dem sey wie ihm wolle, so beweist diese Kleinheit der äußern Zähne des Philippshay offenbar, daß die hintern Zähne nicht bestimmt sind, die vordern zu ersetzen, indem die Ersetzungszähne nie größer seyn können, als diejenigen, welche sie ersetzen sollen. Hierdurch wird dasjenige, was wir von den Verrichtungen und der Bestimmung der Zähne des Menschenfressers gesagt haben, bestätigt.

Uebrigens sind nicht alle Zähne dieses Hayen spitzig und scharf, man sieht mehrere in der obern und noch mehr in der untern Kinnlade, welche beinah halbrund sind.

Vor beiden Rückenflossen sizt ein starker und ziemlich langer Stachel. Die Afterflosse

sizt

sizt in gleicher Entfernung von den Bauch- und der Schwanzflosse, welche leztere in zwei Flügel abgetheilt ist, wovon der obere länger als der untere.

Dieser Hay des stillen Meers hat oben eine braune, und unten eine weißlichte Farbe. Derjenige, der in den Reisen des Kapitain Philipp beschrieben ist, hatte nur zwei Schuh länge, und fünf und einen halben Zoll in seiner grösten Breite.

Hay Perlon *).

(Squale Perlon.)

Broussonnet, mein Kollege, und Mitglied des National-Instituts, hat **) zuerst dieses Fischs in seinem schönen Werk über die Hayen erwähnt, und ihm den Namen Perlon beigelegt, dem wir ihm beybehalten.

Der

*) Chien de mer perlon. Broussonnet Memoires de l'Acad. des sciences pour 1780.

Squalus cinereus. Linné ed. Gmelin.

Chien de mer perlon. Bonnaterre planche de l'Encyclopédie methodique.

**) In dem eben angeführten Band der Memoires de l'Acad. des sciences.

Der obere Theil dieses Hayen hat eine aschgraue Farbe, die gewöhnlich, so wie die grünlichtblaue des blauen Hays vertheilt ist. Er gleicht auch letzterem durch seine Haut, welche weniger warzigt und rauh ist, als die mehrerer anderer Hayen.

Die Seitenlinien sind sehr merklich. Was ihn aber am meisten von den übrigen Hayen auszeichnet, ist, daß er nur eine Rückenflosse hat, die ohngefähr auf der Mitte des Körpers sitzt, und daß er statt fünf Kiemenöffnungen, deren sieben auf jeder Seite hat.

Die Reisenden, welche diesen Hay in den verschiedenen Epochen seines lebens beobachten können, werden vermuthlich mit vieler Aufmerksamkeit den Einfluß bemerken, welchen diese besondere Bildung der Respirationsorganen auf seine Gewohnheiten haben muß.

Der kleingefleckte Hay *).

(Squale roussette).

Wir kommen nun zu den Hayen, welche wie die vorigen eine Afterflosse haben, an denen man

*) Namen die dem Männchen und dem Weibchen beigelegt worden.

Chat marin, in mehrern südlichen Departementern.

Pesce gatto, in mehrern Gegenden Italiens.

Haay, an mehrern Küsten von Ost-Indien.

Chien de mer roussette. Broussonnet memoires de l'Acad. des sciences pour 1780.

Id. Daubenton Encyclopédie methodique.

Id.

man aber aufferdem noch hinter jedem Auge ein Luftloch bemerkt, welches letztern mangelt, und

Id. Bonnaterre planches de l'Encyclopédie methodique.

Namen die dem Männchen allein beigelegt werden.

Rouffette tigrée.

Rough-hound, und Morgay in England.

Squalus catulus. Linné ed Gmelin.

Gmelin scheint geneigt diesen Hayen für das Männchen des eigentlichen kleingefleckten Hays zu halten.

Squalus dorfo vario, pinnis ventralibus concretis. Artedi gen. 69. Syn. 97.

Müller prodrom. zool. dan. p. 38. n. 314.

Gronov. mus. 2. no. 199.

Blochs Naturgefch. der auslaend. Fifche 1r Theil 4to p. 21. Tab. 114.

Galeus dorfo pulverulento tantillum rubente, Klein miff. pifc. 3. p. 10. n. 6.

Galeus Stellaris minor. Bellon. Aquat. p. 74.

Aldrovand. pifc. p. 390. f. 2,

Catulus minor. Willoughby Ichthyol. p. 64. tab. B. 4. fig. 2.

Id. Raj. pifc. p. 22. n. 13.

Catu-

und dessen Nutzen wir im Artikel vom Glatt-rochen erklärt haben. Das erste Thier, wel-
ches

Catulus &. catulus minor. Salvian. Aquat. 137 b, &. 138. a, lib. 32; &. 138 b, lib. 8, 13 et 29.

Lesser dog. Fish. Pennant. zoolog. britt. 3. p. 90. n. 9.

Gunner Act. Nidros. 2. p. 235. tab. 1, a.

Namen die dem Weibchen allein beigelegt werden.

Scorzone zu Rom.

Bounce in England.

Squalus cautulus. Linné ed. Gmelin.

Squalus varius inermis, pinna ani media inter anum caudamque pinnatam. Artedi gen. 68. Syn. 67.

Galeus capite, rostroque brevissimis &. Klein Miss. pisc. 3. p. 10. n. 4.

Squalus conductus. Osbell Ichth. 70.

Salvian. Aquat. p. 137.

Aldrovand. pisc. p. 390.

Jonston pisc. p. 25. tab. 8. fig. 1.

Catulus major vulgaris. Willoughby Ichthyol. p. 62.

Id. Raj. pisc. p. 22.

Roussette, canicula Aristotelis. Roudelet 1en partie liv. 13. ch. 6.

Ges-

ches sich uns in dem Untergeschlecht, von dem wir hier reden, darbietet, ist der kleingefleckte Hay oder Roussette.

Man hat überhaupt beobachtet, und Broussonnet insbesondere hat bemerkt, daß bey den Hayen im Allgemeinen, so wie bey mehrern fleischfressenden Thieren, besonders aber bey den Raubvögeln, das Weibchen immer größer ist, als das Männchen. Eben diese Verschiedenheit der Größe werden wir bey mehrern andern Fischgeschlechtern und Gattungen antreffen, und vielleicht findet dieses Uebermaaß der Größe des Weibchens gegen die des Männchens nur bey solchen Geschlechtern statt, wo die Eier in dem Bauch der Mutter, entweder eine

Gessner Aquat. p. 168.

Greater Dog-Fish. Pennant britt. zool. 3. p. 88. n. 8.

Aristot. lib. 6. c. 10 &. 11.

Roussette. Valmont Bomare Dictionnaires d'histoire naturelle.

Roussette. Dessins sur velin, de la Collection d'histoire naturelle, du Museum national.

eine beträchtliche Größe erreichen, oder sich in sehr großer Anzahl entwickeln.

Dem sey wie ihm wolle, so bemerkt man vorzüglich bei der Gattung den kleingefleckten Hayen diese Ungleichheit der Größe zwischen dem Männchen und dem Weibchen. Sie ist sogar so beträchtlich, daß mehrere ältere und neuere Naturforscher sie als zwei besondere Geschlechter betrachtet haben, wovon man das eine Canicula vel catulus major, (Hundshay) (grand Chat de mer, ou chien marin) und das andere Canicula vel catulus minor (petit chat de mer, ou petit chien marin) (Seehündchen) genannt hat.

Diese Naturforscher sind übrigens zu dieser Trennung dadurch bewogen worden, weil das Männchen und Weibchen des kleingefleckten Hays, in der Stellung ihrer Bauchflössen und der Vertheilung ihrer Farben von einander abweichen.

Nimmt man sich aber die Mühe, eine ziemliche Anzahl kleingefleckter Hayen beiderlei Geschlechts gegen einander zu vergleichen, die

Beobach-

Beobachtungen der Seefahrer zu erwägen, und die Beschreibungen der Naturforscher gegen einander zu halten, so wird man vielleicht mit uns Broussonnets Meinung annehmen, der die Verschiedenheiten, welche den großen und kleinen Seehund trennen sollen, blos für die Kennzeichen beider Geschlechter, nicht aber für die zweier besonderer Gattungen hält. Der große Seehund oder Hundshay (catulus major) ist also das Weibchen des kleingefleckten Hays, und das Seehündchen (catulus minor) ist das Männchen desselben.

Das Weibchen des kleingefleckten Hays ist demnach größer, als das Männchen, da aber die charakteristischen Kennzeichen der Gattung vornehmlich bey dem männlichen Geschlecht zu finden, so wollen wir zuerst das Männchen beschreiben.

Der Kopf ist groß, und die Schnauze noch durchsichtiger, als bei einigen andern Hayen *).

*) Ueber die Durchsichtigkeit der Fische, sehe man die Abhandlung über die Natur derselben nach.

Der Stern im Auge weiß, und der Augapfel schwarz. Die Nasenlöcher können nach Belieben des Thiers mit einer Haut verschlossen werden, die sich in eine dünne wurmförmige Spitze endigt. Die Zähne sind gezakt, und an beiden Enden der emaillirten Basis mit einer zackigten Spitze oder Fortsatz versehen, wodurch jeder Zahn drei Hauptspitzen erhält. Sie sitzen gewöhnlich in vier Reihen, wovon die mittlere jeder Reihe die längsten Zähne hat.

Die Bauchflossen sind einander sehr nahe, und gleichsam vereinigt; die Stelle, wo sie sitzen, ist dem Kopf näher, als die der ersten Rückenflosse. Die zweite Rückenflosse sitzt oberhalb der Afterflosse; die Schwanzflosse ist schmal und ausgeschnitten, und der Schwanz an sich länger, als der eigentliche Körper.

Der obere Theil des Thiers hat eine braunlicht graue Farbe, mit roth vermischt, und mit größern oder kleinern Flecken besetzt, wovon einige weißleicht, die andern sehr dunkel sind.

Dies

Dies Männchen hat gewöhnlich zwei bis drei Schuh an Länge.

Wir kommen nun zu den Verschiedenheiten, die man an dem Weibchen wahrnimmt.

Erstlich beträgt dessen Länge gewöhnlich drei bis vier Schuh.

Zweitens ist der Kopf im Verhältniß gegen die übrigen Körper kleiner.

Drittens sind die Bauchflossen nicht vereinigt.

Und Viertens sind die Farben des obern Körpers nicht immer so vertheilt, wie bey dem Männchen; die Flecken dieses Theils haben zuweilen Aehnlichkeit mit den Flecken des Leoparden, und sind oft roth oder schwarz, mit andern grauen Farben untermischt.

Dies sind nun die Formen und die Abweichungen, die man an dem Männchen und dem Weibchen bemerkt. Wir wollen uns nun blos an dem Geschlecht halten, und dessen Gewohnheiten anzeigen.

Dieser

Dieser Hay ist sehr gefräßig, und nährt sich hauptsächlich mit Fischen, deren er eine große Menge zerstört; er geht sogar nach den Fischern selbst, und nach denen, die sich in der See baden. Da er aber kleiner und schwächer ist, als mehrere andere Hayen, so greift er seine Feinde selten mit Gewalt an, sondern bedient sich der List, verbirgt sich in den Schlamm, und legt sich in Hinterhalt, wie die Rochen, um seine Beute zu überraschen. Man fängt daher selten einen, der nicht mit Schlamm bedeckt ist.

Das Fleisch desselben ist hart, und verbreitet einen starken bisamartigen Geruch; es wird daher selten gegessen, oder in diesem Fall lange Zeit vorher im Wasser eingeweicht. Seine getrocknete Haut hingegen ist im Handel sehr nützbar, und unter dem Namen Seehaut, Chagrinhaut, (peau de rouſſette, peau de chien de mer, peau de chagrin) bekannt.

Die kleinen Wärzchen, womit sie besetzt ist, machen sie geschickt, sehr harte Körper, als Holz, Eisenbein, und sogar Eisen zu poliren; sie

sie wird auch, so wie die des Menschenfressers zu Riemen, zum Ueberziehen der Koffer, und nachdem sie grün gemahlt worden, zu feinen Etuis und Meublen gebraucht, und dann im Französischen Galuchat genennt.

Man muß aber diese gemeine Galuchat oder Seehaut nicht mit derjenigen verwechseln, die man durch die Zubereitung der Haut des Sephenrochen erhält, deren Wärzchen oder Körner größer sind, und von der wir im Artikel dieses Rochens geredet haben. Diese leztere Gattung Seehaut ist schöner und seltener, weil der Sephen nur in wenig Meeren gefangen wird, dagegen der kleingefleckte Hay in der mittländischen See, in dem ganzen Ozean, von einem Pol zum andern, und von West- bis Ost Indien gefunden wird, woher einer derselben unter dem Namen haay nach Haag gesandt worden *).

Aus der Leber dieses Hayen wird eine ziemliche Menge Oel ausgekocht; die Leber selbst aber

*) Dieser getrocknete Rochen befindet sich jezt in der Sammlung, welche von Holland an Frankreich überlassen worden.

aber scheint ein gefährliches Essen, daher sie die Fischer auch gewöhnlich wegwerfen, bevor sie das Thier verkaufen. Der Aufenthalt dieses Fisches im Schlamm, seine Schwäche und die Heftigkeit seines Appetits können es zuweilen zwingen, sich mit verdorbenem Aas, stinkenden Nahrungsmitteln, und sogar mit Molluskeu, und andern mehr oder minder giftigen Seewürmern zu unterhalten, wodurch seine Säfte verändert, seine Galle verdorben wird, seine Leber eine bösartige Eigenschaft erhält, und der Genuß anderer Theile dieses Thiers unter mehrern Umständen sehr nachtheilig werden kann *).

Wir halten es daher nicht für überflüssig, hier die von Sauvages, einem berühmten Arzt zu Montpellier gemachten Beobachtungen, über die Wirkungen einer solchen innerlich genommenen kleingefleckten Hayleber anzuführen **).

*) Wir können nicht genug empfehlen, die Fische, die man essen will, mit der größten Sorgfalt auszuweiden, wenn sie sich mit verdorbenen Nahrungsmitteln oder Seewürmern genährt haben.

**) Abhandlung über die giftigen Thiere, von der Akademie zu Rouen gekrönt, im Jahr 1745.

Ein Schuhflicker von Bias bei Agde, Namens Gervais aß eine solche leber mit seiner Frau und zwey Kindern, wovon das eine fünfzehn, das andere zehn Jahr alt war. Ohngefähr eine halbe Stunde nachher, verfielen alle vier in eine Art Betäubung, warfen sich aufs Stroh hin, und erhohlten sich erst am dritten Tag so weit wieder, daß sie ihren Zustand erkennen konnten. Sie waren alsdann mehr oder weniger wach, je nachdem sie mehr oder minder von der leber gegessen hatten. Die Frau, welche am meisten davon gegessen, wurde jedoch zuerst wieder hergestellt.

Als sie erwachte, war ihr Gesicht ganz roth, und den folgenden Tag fühlte sie ein allgemeines Jucken im ganzen Körper, welches erst dann aufhörte, nachdem sich die ganze Oberhaut in größern oder kleinern Schuppen von dem Körper abgelößt hatte. Nur auf dem Kopf allein war diese Abschürfung kleiner, und die Haare fielen nicht aus. Der Mann und die Kinder erfuhren dieselbe Wirkung.

Dieser Hay ist sehr fruchtbar, begattet sich öfters, trägt jedes Jahr einigemal, und

den

den meisten Beobachtungen zufolg, besteht jede Tracht aus neun bis dreizehn Jungen. Man hat sogar behauptet, daß sich diese Anzahl zuweilen bis auf neunzehn junge Hayen beliefe. Vielleicht hat man aber irrig dasjenige auf den kleingefleckten Hay angewendet, was von dem Sternhay wahr zu seyn scheint, mit welchem er viele Aehnlichkeiten hat, und dem man auch den Namen Roussette beigelegt.

Die Eier, welche am öftersten in dem Bauch der Mutter auskriechen, sind denen des Menschenfressers ähnlich; man hat sie gleichfalls mit Küssen, Beuteln oder Säcken verglichen, und diese häutigte Schaalen sind gleichfalls an ihren vier Winkeln mit dünnen Fäden versehen, welche dreizehn bis vierzehnmal länger sind, als das eigentliche Ei.

Mehrere ältere Autoren haben mit Aristoteles geglaubt, daß diese langen Faden inwendig hohl sind, und kleine Röhren bilden, allein bei genauerer Untersuchung findet man sie immer ohne irgend eine Höhlung *).

Wenn

*) Rondelet am angeführten Ort.

Wenn die Männchen sich mit den Weibchen begatten, so halten sie dieselben mit beweglichen Haken oder Anhängseln fest, welche bei dem After sitzen, so wie die Männchen der übrigen Hayen und Rochen sich an ihre Weibchen anklammern. Aber der innere Bau dieser Anhängsel ist weit einfacher, als derjenige derselben Theile bei dem Glattrochen. Man sieht nur drei Knorpel, wovon, zwei sehr hart sind.

Da dieser Hay in allen Meeren zu Hause ist, so müßten dessen versteinerte Ueberreste in vielen Gegenden gefunden werden. Seine Zähne vorzüglich werden an vielen Orten häufig gefunden, und man sieht deren beinah in allen Sammlungen, wo sie lange Zeit den Namen glossopètres oder Steinzungen, so wie die des Menschenfressers getragen. Sie sind aber länger als die des letztern, und konnten also leichter für versteinerte Zungen gehalten werden.

Unter denen, welche in dem National-Museum der Naturgeschichte enthalten sind, findet man sehr große. Wir haben den größten darunter gemessen, und gefunden, daß eine

der

der beiden långsten Seiten des emaillirten Theils dieses dreieckigten Zahns, mit ihren kleinen Krümmungen, eine Långe von beinah drei Zoll hatte *).

Wir

*) Hier folgen die übrigen Ausmessungen des großen versteinerten Zahns eines kleingeflekten Hayen.

	Zoll.	Linien.
Gröste Breite des emaillirten Theils : : : :	2	9
Långe der : einen gezakten Spize, deren eine an dem einen Ende der Basis, die andere an dem andern sizt.	—	$4\frac{1}{2}$
Långe die an der äussern und erhabenen Fläche gemessen worden, von der Spitze des Zahns an, bis zur Spitze des zurückgehenden Winkels, der durch die Basis des emaillirten Theils gebildet wird.	—	$6\frac{1}{2}$
Långe die an der innern hohlen Seite gemessen worden, von der Spitze des Zahns an, bis zur Spitze des zurückgehenden Winkels, der durch die Basis des emaillirten Theils gebildet wird.	1	10

Wir haben nachher, so wie wir es bei dem Menschenfresser gethan, das gewöhnliche Verhältniß zwischen der länge der Zähne, und derjenigen des ganzen Thiers zu finden gesucht, allein ob wir gleich eine Menge kleingefleckter Hayen vor uns hatten, so waren wenige darunter, die einen gewissen Grad der Entwickelung erreicht hatten, folglich bemerkten wir nur ein sehr veränderliches Verhältniß selbst bei ganz jungen Hayen, die eine gleiche länge hatten.

Wir glauben jedoch, daß im Ganzen genommen die Zähne des kleingefleckten Hays kleiner sind, als die des Menschenfressers, im Verhältniß gegen die ganze länge des Hayen. Um indessen die Gränzen des Wahrscheinlichen nicht zu überschreiten, so wollen wir für die Menschenfresser und die kleingefleckten Hayen dasselbe Verhältniß zwischen der länge des Thiers und derjenigen seiner Zähne annehmen. Diese Annahme wird schwerlich bestritten werden können.

Dem Verhältniß gemäß, welches wir für die Menschenfresser angenommen haben, mußte

der

der kleingefleckte Hay, dessen versteinerter Zahn in dem Museum der Naturgeschichte aufbewahrt wird, zwei hundertmal länger seyn, als eine der längsten Seiten des emaillirten Theils dieses Zahns, folglich eine Länge von ohngefähr funfzig Schuh haben.

Diese ungeheure Länge wird bei einem Geschlecht, wovon man nur noch Individuen von einigen Schuh Länge antrift, beinah unglaublich scheinen, allein der versteinerte Zahn, nach welchem wir diese große Entwickelung annehmen, hat alle Kennzeichen der Zähne des kleingefleckten Hayen. Wollte man ihn aber andern Hayen zuschreiben, deren Zähne gleichfalls mit drei Hauptspitzen versehen sind, so würde dadurch das Staunen über eine Länge von funfzig Schuh, die wir den alten kleingefleckten Hayen beilegen, noch nicht vermindert werden.

Welchen Hayengeschlecht übrigens dieser versteinerte Zahn angehört haben mag, so ist er wirklich vorhanden, er besitzt die oben angegebene Länge, und deutet einen Hayen an, der wenigstens einen Länge von beinah sechs und vier-

vierzig Schuh hatte. Diese Folgerung in Verbindung mit denen, die wir von der Größe des Menschenfressers-Zahn hergeleitet haben, der in der Gegend von Dax gefunden worden, ist vielleicht für diejenigen nicht unwichtig, die sich mit der Geschichte der physischen Veränderungen des Erdballs beschäftigen.

Der Sternhay *).
(Squale rochier).

Dieser Hay ist sehr oft mit dem Männchen oder Weibchen des kleingefleckten Hays verwech-

*) Rouſſette an mehrern Küſten Frankreichs.

Gatto rochiero in mehrern ſüdlichen Departementern.

Chien de mer, Chat rochier. Brouſſonnet Memoires de l'Acad. des ſciences pour 1780.

Id. Daubenton Encyclopedie méthodique.

Squalus ſtellaris. Linné ed. Gmelin.

Squalus cinereus, pinnis ventralibus diſcretii. Artedi gen. 69. Syn. 97.

Catulus maximus. Willoughby. p. 63.

Ray

wechselt worden, so wie man diese beiden wieder für das Männchen oder Weibchen des Sternhays gehalten hat.

Dieser doppelte Irrthum rührt daher, weil beide Gattungen viele Aehnlichkeiten mit einander haben, und vorzüglich gaben die Farben Gelegenheit dazu, welche nicht beständig, und nicht nur in ihrer Nuance, sondern auch in der Größe und Vertheilung der Flecken veränderlich sind, und zuweilen auf dem Sternhay,

Ray. p. 22.

Gessner. p. 169 — 199 etc. Thierbuch fol. 80. b.

The greater Cat. fish. Edw. Glan. p. 162. tab. 289.

The greater spotted Cat. fish. Pennant britt. Zool. 3. p. 99. tab. 15. n. 4.

Petite roussette, chat rochier. Duhamel Traité des pêches. II. de partie sect. 9. p. 304. pl. 22.

Chat rochier, canicula saxatilis; Rondelet I. partie liv. 13. ch. 7.

Chien de mer, Chat rochier male. Bonnaterre planches de l'Encyclopédie methodique.

hay, und dem Männchen und Weibchen des kleingefleckten vollkommen dieselben waren. Dieser Irrthum gab Gelegenheit zu andern falschen Anwendungen.

Wenn man z. B. einen Sternhay den Namen des männlichen oder weiblichen kleingefleckten beilegte, so schrieb man ihn auch zugleich die Gewohnheiten desselben zu, ohne zu untersuchen, ob der Fisch, den man vor sich hatte, und dem man einen falschen Namen beilegte, auch wirklich die Gewohnheiten besaß, die man ihm andichtete.

Um allen diesen falschen Vermuthungen auszuweichen, muß man sich immer an die Veränderlichkeit der Farben des kleingefleckten und des Sternhays erinnern, und diese beiden Gatttungen nicht nach ihrer Farbe, sondern nach ihrer Form unterscheiden.

Wenn wir demnach die Verschiedenheiten in der Bildung aufsuchen, wodurch der Sternhay von dem kleingefleckten abweicht, und zugleich die Züge sammeln, welche verhindern, daß man ihn nicht mit andern Hayen verwechseln kann, so finden wir, daß seine Nasenlöcher zum Theil mit zwei Lappen verschlossen sind, wovon der äussere größer und körnicht, (chagriné) ist; ferner ist seine Schnautze etwas spitziger, als die des kleingefleckten, und sein Schwanz im Verhältniß der Länge des Körpers kürzer, als der des letztern.

Der Sternhay wird überdies größer als das Männchen, und zuweilen sogar länger als das Weibchen des kleingefleckten Hays, daher es denn kömmt, daß Willoughby und andere Naturforscher, dem Männchen des kleingefleckten den Namen kleiner Seehund (catulus minor), dem Weibchen desselben denjenigen großer Seehund (catulus major) beilegten, den Sternhay aber zum Unterschied sehr großer Seehund (catulus maximus) nannten.

Die erste Rückenflosse sitzt näher an dem Ende des Schwanzes, als gegen die Spitze der Schnauze zu. Die zweite, die beinah eben so groß als die erste, und weiter von ihr als von der Schwanzflosse entfernt ist, sitzt wenigstens sehr oft bald über, bald jenseits der Afterflosse.

Der Sternhay hat gewöhnlich eine graue oder röthliche Farbe, mit schwärzlichen runden, ungleichen Flecken, die auf dem ganzen Körper vertheilt, und größer sind, als die so auf dem Rücken des Männchens des kleingefleckten zerstreut, oder auf dem des Weibchens grouppirt sitzen.

Der kleingefleckte Hay lebt überdies im Schlamm, und in dem Meerschilf, und nähert sich den Ufern. Der Sternhay hingegen hält sich gewöhnlich davon entfernt, und liebt die hohe See, und die Felsen, wo er sich mit unschaaligten und beschaalten Schnecken und Würmern, und mit Fischen nährt, daher er auch im französischen die Namen Rochier, chat rochier; chat marin des rochers) (Felsen-See-Katze) erhalten.

Er fällt daher selten in die Netze der Fischer, und wird seltener gefangen, ohnerachtet diese Gattung sehr zahlreich ist, indem nach Broussonnet, der diesen Hay genau beobachtet, jedes Weibchen neunzehn bis zwanzig Junge auf einmal trägt.

Man

Man sucht ihn jedoch gern auf, weil seine Haut im Handel eben so gebraucht, und eben so genannt wird, wie die des kleingeflekten, und weil dessen Fleisch etwas weniger unangenehm schmeckt, als dasjenige des leztern. Man fängt ihn mit großen an Stricken befestigten Haken, oder auch mit besondern Netzen *), welche im mittländischen Meer unter dem Namen roussettiéres, brettellierés, oder bretelles bekannt sind. In einigen Gegenden wird er mit denselben Netzen gefangen, womit man die Makrelen fängt, die unter dem Namen Thun-Fische bekannt sind.

*) Man sehe die Beschreibung dieser Netze im Artikel vom Nagel-Rochen.

Die

Die Meersau *).
(Squale Milandre).

Dieser Hay erreicht eine ziemlich beträchtliche Größe, daher man ihn auch an verschiedenen Ufern

*) Cagnot in mehrern südlichen Departementern.

Milandre. ebendaselbst.

Pal in einigen Gegenden Frankreichs und Italiens.

Lamiola in andern Gegenden Italiens.

Tope in England.

Chien de mer Milandre. Broussonnet Memoires de l'Acad. des sciences. pour 1780

Id. Daubenton Encyclopédie methodique.

Squalus

Ufern des mittländischen Meers den Namen Lamiola oder kleiner Menschenfresser beigelegt hat. Man glaubte ihm nicht mit einem kleinern Thier vergleichen zu dürfen.

Die

Squalus galeus. Linné ed. Gmelin.

Squalus naribus ore vicinis, foraminibus ad oculos. Artedi Gen. 68. n. 9. Syn. 97.

Chien de mer milandre. Bonnaterre planches de l'Encyclopédie methodique.

Klein miss. pisc. 3. p. 9. n. 3.

Aristot. hist. anim. l. 6. c. 11.

Canicula. Plinii hist. mundi. l. 9. c. 46; & l. 32. c. 11.

Canosa. Salv. Aquat. p. 132.

Gessner Aquat. p. 167. Icon. Anim. p. 144. Thierbuch. p. 80.

Milandre. Rondelet. prem. parti. liv. 13. ch. 4.

Aldrovand. pisc. p. 388.

Jonston pisc. p. 25. tab. 8. fig. 4.

Willoughby Ichthyol. p. 51. Tab. 3. 6. fig 1.

Canis galeus. Raj. pisc. p. 30. n. 5.

Tope. Pennant Zool. britt. 3. p. 98. n. 45.

Milandre. Duhamel Traité des pêches, part. 3. sect. 9. p. 299. pl. 20. fig. 1 & 2.

Die Meersau hat eine lange und flache Schnauze. Ihre vielen Zähne, die in mehrern Reihen stehen, und etwas gegen den nächsten Winkel des Rachens zugebogen sind, haben eine besondere Form, welche allein hinreicht, diesen Fisch von allen andern seiner Gattung zu unterscheiden. Sie sind nemlich flach, dreieckigt und gezackt, wie die des Menschenfressers, allein man bemerkt an dem einen senkrechten Rand einen tiefen Einschnitt, der daselbst einen zurückgehenden Winkel bildet, und dessen Seiten gezackt sind.

Wir haben die Abbildung einer großen Kinnlade einer Meersau stechen lassen, welche zur Sammlung des National-Museums der Naturgeschichte gehört, und deren Weite zufolg man bei dem Hay, dem sie angehörte, wenigstens eine Länge von zwölf Schuh, drei Zoll und acht Linien annehmen muß. Man hat also mit Recht in der Stufenleiter der Größe, welche die verschiedenen Gattungen seines Geschlechts erreichen, diesem Hay mit dem Menschenfresser verglichen.

Die Meersau hat übrigens eine runde, und ziemlich breite Zunge; die Nasenlöcher sitzen bei der Oefnung des Mundes, und werden zum Theil durch einen kurzen Lappen bedeckt; die Luftlöcher sind klein und von länglichter Form, die Brustflossen lang, und an der Spitze leicht ausgeschweift.

Die erste Rückenflosse sitzt beinah in gleicher Entfernung von der Basis der Brust- und derjenigen der Bauchflossen, und die zweite sitzt zuweilen über, zuweilen vor der Afterflosse welche näher bei der Schwanzflosse, als bei der Aftermündung sitzt. Die Schwanzflosse ist in zwei ungleiche Flügel abgetheilt, und die Haut chagrinartig oder körnigt.

Broussonnet, der einen solchen Hay im Hafen von Catte beschrieben, versichert, nach dem Zeugniß der Seefahrer, daß das Fleisch der Meersau sehr hart ist, und einen unangenehmen Geruch verbreitet. Doch läßt man es zuweilen trocknen, „allein, setzt Broussonnet hinzu, der Ueberfluß und der geringe „Preis dieses Nahrungsmittels, können allein „die hungrigen Fischer bewegen, sich damit zu „nähren.“

Anderseits muß die Meersau weniger häufiger und weniger begierig gesucht werden, als andere Hayen, weil man sie nur mit der größten Behutsamkeit fangen kann. Sie ist sehr groß und stark, und da sie ihrer Länge nach dem Menschenfresser ziemlich ähnlich ist, so ist sie gleich diesem sehr gefräßig, blutdürstig und verwegen.

Ihre Gierigkeit und Verwegenheit geht so weit, daß sie ihre eigene Sicherheit darüber vergißt, und sich zuweilen aus dem Wasser heraus an das Ufer wirft, und die Menschen anfällt, die dasselbe noch nicht verlassen haben.

Wir glauben daher mit Rondelet, daß die Meersau derjenige Hay ist, von welchem Plinius unter dem Namen Canicula spricht, und den er so lebhaft schildert, wie er die Taucher überrascht und anfällt, welche in die See untertauchen, um Korallen, Schwämme und andere Seeprodukte zu sammeln.

Der Kampf, den er den Taucher liefert, ist nach Plinius hartnäckig und fürchterlich, und

und er geht hauptsächlich nach den Theilen des Körpers, welche durch ihre Weiße ihm am meisten in die Augen fallen. Das einzige Rettungsmittel ist, daß man ihm muthig entgegen geht, ihm ein spitziges Eisen entgegenhält, und dasselbe Schrecken einflößt, das er andern einzuflößen sucht.

Der Vortheil kann von beiden Seiten gleich seyn, so lange sie sich noch in der Tiefe des Meeres befinden, aber so wie der Taucher sich gegen die Oberfläche erhebt, vermehrt sich seine Gefahr, denn die Bemühung, die er anwenden muß, um sich zu erheben, vermindert die Gewalt, die er gegen den Hayen anwenden sollte, und seine ganze Rettung beruht alsdenn auf seinen Kameraden, welche eiligst den Strik, an dem er befestigt ist, in die Höhe ziehen.

Mit der linken Hand schüttelt er unaufhörlich den Strick als Nothzeichen, während er mit der rechten bewafneten gegen den Hay kämpft. Er erreicht endlich die Barke, die seine einzige Zuflucht ist; wenn er aber nicht schnell in dieselbe hereingeschleudert wird, und diese Bewegung nicht selbst befördert, indem er sich

schnell

schnell und stark zusammenkrümmt, so wird er von dem Hay verschlungen, der ihn den Händen seines Kammeraden entreißt. Vergeblich stoßen sie mit dreizakichten Gabeln auf ihn zu, er weiß ihren Stößen auszuweichen, indem er seinen Körper unter das Fahrzeug versteckt, und nur den Rachen hervorragen läßt, mit dem er den Taucher zerreißt.

Die Meersau treibt ihre Verwüstungen nicht blos in dem mittländischen Meer, sondern auch in dem europäischen Ozean und andern Meeren. Man findet sie überhaupt sehr häufig, daher auch derjenige Theil von ihr, der am schwersten zu zerstöhren ist, die Zähne nemlich in mehrern Gegenden versteinert gefunden werden.

Der glatte Hay *).
(Squale Emissole).

Die Form der Zähne dieses Hayen ist allein hinreichend, ihn von allen denjenigen zu unter- schei-

*) Emissole in mehrern südlichen Departementern.
Pesce columbo. in mehrern Gegenden Italiens.
Smooth hound; Prikly hound in England.
Chien de mer émissole. Broussonnet Mem. de l'Acad. des sciences pour 1780.
Squalus mustelus. Linné ed. Gmelin.
Chien de mer émissole. Bonnaterre planches de l'Encyclopédie.
Id. Daubenton Encyclopédie, methodique.

Gro-

scheiden, die wir nebst ihm in das zweite Untergeschlecht der Hayen gesetzt haben.

Diese

Gronov. Zooph. 142.

Gessner Aquat. 608.

Emisole, Galeus levis. Rondelet I. partie liv. 13. ch. 2.

Mustelus levis. Salv. Aquat. 135. 136.

Mustelus levis primus. Willoughby Ichthyol. p. 60. tab. 13. 4. fig. 2.

Raj. pisc. p. 22.

Smooth hound. Pennant Britt. Zool. 3. p. 91. n. 10.

Squalus dentibus obtusis, seu granulosis. Artedi gen. 66. syn. 93.

Aristot. lib. 6. c. 18.

Athen. lib. 7. p. 294.

Oppian. lib. 1. fol. 113. 4.

Galeus levis. Bellon.

Gessner. p. 608. 613. 717. und Thierb. fol. 77. a.

Charleton. p. 128.

Galei species ex Gessnero. Aldrov. lib. 3. c. 35. p. 392.

Jonston. lib. 1. tit. 3. cap. 3, a, 2, punct. 3.

Squalus pinnis dorsalibus muticis, anali praesente, dentibus granulosis. Acta helv. 4. p. 258. n. 113.

Diese Zähne sind von oben bis unten sehr schmal, etwas erhaben, stehen dicht neben einander, entweder rautenförmig, oval oder rund, haben keine Spitze an irgend einem Theil, stehen in mehrern Reihen regelmäßig geordnet, scheinen in die Kinnladen gleichsam eingegossen, bilden ein sehr regelmäßiges Mosaik, so daß man den Mund dieses Thiers unter diejenigen rechnen kann, denen man den Namen der gepflasterten (pavées) beigelegt.

Wir haben bereits eine ähnliche Bildung der Zähne an mehrern Gattungen Rochen, und an dem Indischen Hay bemerkt, den wir unter dem Namen Hay Philipp beschrieben haben.

Der glatte Hay hat im übrigen große Aehnlichkeiten mit der Meersau, so wie mit andern Knorpelfischen desselben Geschlechts, die wir beschrieben haben.

Um ihn vollends zu schildern, dürfen wir nur noch hinzusetzen, daß seine erste Rückenflosse beinah dreieckigt ist, und näher gegen den Kopf zu sitzt, als die Bauchflossen; ferner daß

letztere

letztere noch einmal kleiner sind, als die Brustflossen, daß die zweite Rückenflosse einmal größer ist, als die Afterflosse, welche beinahe vierwinklicht ist, und endlich daß die Schwanzflosse gegen die Spitze zu breiter wird.

Der Magen des glatten Hays ist mit mehrern Anhängseln versehen, welche um den Pförtner herumsitzen, und seine Verdauungskraft verstärken müssen, und da er mit seinen Zähnen die Speisen besser zermalmen und zertheilen kann, als mehrere andere Hayen, so hat er weniger als diese, sehr wirksame Verdauungssäfte nöthig.

Der obere Körper des glatten Hays ist grau oder braun, und der untere weislicht; aber diese Farben sind nicht bei allen gleich, und es scheint, daß man den sogenannten Sternen- oder Linsenhay *) als eine Nebengattung desselben betrachten könnte. Letzterer ist eben so gebildet, wie der glatte Hay, un-

*) Chien de mer estélle; galeus asterias; Lentillat. Rondelet. I. partie, liv. 13. ch. 3. Willoughby p. 61.

unterscheidet sich aber von ihm durch weiße größere Flecken, die auf dem ganzen Körper zerstreut, linsen- oder Sternenförmig sind, und auf den Seiten zahlreicher sind, als auf dem Rücken.

Der glatte Hay wird übrigens nicht nur in den europäischen Meeren, sondern auch in der stillen See gefunden.

Das Bärtchen *).
(Squale Barbillon).

Broussonnet hat zuerst diese Gattung bekannt gemacht, die in dem stillen Meer gefunden, und zuweilen auch an mehrern amerikanischen Küsten gesehen wird.

Dieser Hay erreicht wenigstens eine Länge von fünf Schuh, hat eine röthliche Farbe, wie der kleingefleckte, und wenn er noch jung ist, bemerkt man schwarze Flecken an ihm. Er hat auch

*) Chien de Mer barbillon. Broussonnet Mem. de l'Acad. des Sciences pour 1780.
Squalus cirratus. Linné ed. Gmelin.
Chien de mer barbillon. Bonnaterre planches de l'Encyclopédie methodique.

auch so wie der kleingefleckte ein langes wurmförmiges Anhängsel an den Nasenlöchern, aber er unterscheidet sich von leztern durch große, flache und glänzende Schuppen, womit sein Körper bedeckt ist.

Bis hieher haben wir blos Fische untersucht, die mit beinah unmerklichen Schuppen, mit kleinen oder größern Wärzchen, oder mit stärkern oder schwächern Stacheln bedeckt waren. Hier sehen wir also zum erstenmal die Materie, welche diese unmerklichen Schuppen, Wärzchen und Stacheln bildet, sich in breite flache Scheiben ausbreiten, und eigentliche Schuppen bilden *).

Die Schnauze ist kurz und etwas rund; die Zähne sind zahlreich, lang, spitzig, und breit an ihrer Basis. Die beiden lezten Kiemenöfnungen auf jeder Seite stehen so nahe beisammen, daß man geglaubt hat, der Fisch habe statt zehn nur achte. Die erste Rückenflosse sitzt

*) Man sehe was in der Abhandlung über die Natur der Fische über diese Bildung der Schuppen gesagt worden.

sitzt über den Bauchflossen, und die zweite näher am Kopf, als die Afterflosse. Der Schwanz ist kurz, und die Flosse, mit der er sich endigt, in zwei Flügel getheilt.

Der Barthay *).
(Squale Barbe).

Dieser Hay, welcher vom Kapitain Cook in den Gewässern des stillen Meers gesehen worden, wurde zum erstenmal von B. Broussonnet beschrieben. Man kann ihn an den wurmförmigen Anhängseln seiner Oberlippe sehr leicht von den übrigen Fischen seines Geschlechts unterscheiden. Die größten dieser Anhängsel oder Bärte sind gewöhnlich so lang, als der acht-

*) Chien de mer barbe. Broussonnet Mem. de l'Acad. des Sciences pour 1780.

Squalus barbatus. Linné ed. Gmelin.

Chien de mer moucheté. Bonnaterre planches de l'Encyclopedie methodique.

achtzigste Theil der ganzen länge beträgt. Ferner sind diese häutigten Verlängerungen sehr oft in drei kleine Zweige abgetheilt, und die Anzahl derselben beläuft sich gemeiniglich auf acht.

Der Kopf ist breit, kurz und zusammengedrückt, die Zähne lanzenförmig, nicht gezakt, und stehen in mehrern Reihen. Die luftlöcher sind groß, und die erste Rückenflosse sitzt weiter vom Kopf entfernt, als die Bauchflossen.

Der Körper, der mit kleinen Körnern, oder eigentlicher zu reden, mit sehr kleinen, harten, glatten und glänzenden Schuppen bedeckt ist, zeigt auf einem obern Theil schwarze runde oder eckigte Flecken, die mit einem weißen Kreis umgeben sind.

Zu dieser Gattung muß man auch den Hay rechnen, der in der Reise des Kapitain Philipp nach Botany Bay, Kap. XXII. beschrieben und abgebildet ist, und der in der kleinen Bucht Sidney, im Hafen Jakson in Neu Holland von dem lieutenant Watts gefangen worden.

Wenn

Wenn man Broussonnets Beschreibung mit derjenigen vergleicht, die in der Reise des Kapitain Philipp enthalten, so sieht man, daß der Mund des Barthays an der Spitze der Schnauze, und nicht unter derselben sitzt, wie bei den meisten Thieren seines Geschlechts. Der Zwischenraum zwischen den Augen ist breit und hohl, die Afterflosse berührt die Schwanzflosse, und letztere, die aus zween Flügeln besteht, wovon der vordere rund in seinem Umfang, schmäler und weit länger ist, als der hintere, bedeckt nur den untern Theil des Schwanzes, dessen Spitze abgestumpft ist.

Der bandirte Hay *).
(Squale tigré).

Dieser wegen seiner Größe und der Vertheilung seiner Farben merkwürdige Hay ist in dem Indischen Ozean anzutreffen. Man hat welche gesehen, deren Länge gegen funfzehn Schuh be-

*) Barbe.

Chien de mer barbu.

Wanneau-polica, bei den Chingulais.

Squalus tigrinus, Zoologia indica selecta, J. R. Forsteri. fol. 24. tab. 13. fig. 2.

Bloch Naturgeschichte der ausländischen Fische rc. Ir. Theil. S. 19. n. 4.

Chien de mer tigre. Broussonnet, Memoires de l'Acad. des sciences pour 1780.

Squalus

betrug. Der obere Theil seines Körpers und die Flossen sind schwarz, mit einigen weissen Flecken, und weißen Querstreifen besetzt, welche leztere dieselbe Richtung haben, wie die auf dem Rücken des Tiegers, daher wir ihm auch diesen Namen beibehalten haben.

Im übrigen ist dieser Hay dick, der Kopf ist breit, und vorn rund, die Oefnung des Mundes sizt unter der Schnauze, und ist mit zwei Bärtchen besezt, die Oberlippe ragt hervor. Die Zähne sind sehr klein, und auf jeder Seite sind fünf Kiemenöfnungen, aber die beiden leztern auf jeder Seite stehen so dicht beisammen, daß sie sich in einander verlieren, daher verschiedene Naturforscher geglaubt haben, dieser Hay habe in allem nur deren acht. Die erste Rückenflosse sizt über den Bauchflossen,

Squalus tigrinus. Linné ed. Gmelin.
Chien de mer barbu Bonnaterre planches de l'Encyclopédie.

Gronov. Mus. 1. n. 136. Zooph. n. 147.

Seba Mus. 3. p. 105. tab. 34. fig. 1.
Herrmann Tab. affinit. anim. p. 302.
Squalus longicaudus. Linné ed. Gmelin.

flossen, die zweite über der Afterflosse, und die Schwanzflosse ist in zwei Flügel abgetheilt, welche gewöhnlich nur längs den untern Theil des Schwanzes hinlaufen.

Man hat behauptet, daß dieser Hay gewöhnlich nur von Seekrebsen und Muscheln lebe, und die Kleinheit seiner Zähne macht dies wahrscheinlich. Diese in der Geschichte sehr großer Hayen wirklich sonderbare Erscheinung, könnte, wenn sie erwiesen wäre, eine Gewohnheit bestätigen, die man diesem Geschlecht zugeschrieben, daß nemlich mehrere derselben beisammen leben könnten, ohne einander selbst zu zerreißen. Allein vor der Hand dürfen wir nicht voreilig eine Gewohnheit annehmen, die denjenigen der reissenden Thiere, welche von einem heftigen Hunger gequält werden, den sie nur durch überflüssige Beute stillen können, so ganz entgegen ist.

Der

Der Afrikanische Hay *).
(Squale galonné).

Der gewöhnliche Aufenthalt dieses Hayen ist an den Küsten von Afrika, hauptsächlich in den Gewässern, in der Nachbarschaft des Vorgebirges der guten Hofnung, und Broussonnet hat die erste Beschreibung von ihm geliefert.

Sein unterscheidendes Kennzeichen besteht in sieben großen schwärzlichen Streifen, die einander paralell längs dem Rücken hinlaufen.

Er

*) Chien de mer galonné. Broussonnet Memoires de l'Acad. des sciences. de partie pour 1780.

Squalus africanus. Linné ed. Gmelin.

Chien de mer galonné. Bonnatere planches de l'Encyclopédie.

Er ist überdies mit kleinen Wärzchen, oder beinah viereckigten Schuppen bekleidet. Sein Kopf ist zusammengedrückt, und etwas breiter als der Körper; die Augen sind dreimal größer als die Luftlöcher, und in der Oefnung des Mundes, welche halbrund ist, sieht man weiche Wärzchen auf der Zunge und dem Gaumen, und mehrere Reihen langer spitziger, von außen nach innen zugekehrten Zähne, welche in der obern Kinnlade eine Querreihe, und in der untern eine schieflaufende bilden.

Zwei ungleiche Lappen dienen zum Verschließen der Nasenlöcher.

An jeder Seite sitzen fünf Kiemenöfnungen, so wie bei allen hier beschriebenen Haygattungen, den Perlon und den grauen ausgenommen.

Die erste Rückenflosse sitzt jenseits der Mitte der Länge des Körpers, die zweite über dem hintern Theil der Afterflosse, und die Schwanzflosse ist abgerundet.

Der

Der Augichte Hay *).
(Squale oeillé).

Auf jeder Seite des Halses dieses Hayen sieht man einen großen, runden, schwarzen Flecken, mit einem weißen Kreis umgeben, der einen schwarzen Augapfel in der Mitte eines sehr weißen Sterns gleicht, daher der Fisch den Namen des Augichten erhalten. Die Kenntniß dieses Hayen, den man in dem stillen Meer bei Neuholland gefunden, verdanken wir gleichfalls dem Werke des B. Broussonnet.

Dieser

*) Chien de mer oeillé. Broussonnet Memoires de l'Acad. des Sciences. 1780. Squalus ocellatus. Linné ed. Gmelin. Chien de mer oeillé. Bonnaterre, planches de l'Encyclopédie.

Dieser Hay hat an seinem obern Theil eine graue, fleckichte, und an dem untern eine graugrünlichte Farbe, welche bei dem lebendigen Thier heller seyn muß, als die Farbe des obern Körpers.

Der Kopf ist kurz und ohne Flecken. Die Zähne sind spitzig, von aussen nach innen gekehrt, an ihrer Basis breit, aber klein. Die Nasenlöcher stehen nahe an der Spitze der Schnautze, und auf jeder Seite stehen die zwei letzten Kiemenöfnungen sehr nahe beisammen.

Die Bauchflossen sitzen näher gegen den Kopf zu, als die Mitte der Länge des Körpers beträgt, sind rund, schwärzlicht, und mit einem grauen Rand eingefaßt, wie die Brustflossen.

Man sieht zwei schwarze Flecken an den vordern Rand der ersten Rückenflosse, welche hinten ausgeschnitten ist, und weiter vom Kopf entfernt sitzt, als die Afterflosse. Die zweite Rückenflosse ist ein wenig kleiner als die erste, übrigens aber ihr ähnlich, und die Afterflosse berührt beinah die ausgeschnittene Schwanzflosse.

Der

Der Isabellhay *).

(Squale Isabelle).

Dieser Fisch hält sich an den Küsten von Neuseeland auf, und gehört zu den Hayen, welche man bisher nur in dem stillen Meer gesehen, dessen Aufenthalt sie demjenigen der andern Meere vorzuziehen scheinen.

Welchen Kontrast bieten aber nicht die Ideen von Raub und Zerstöhrung, die man mit diesen gefräßigen und unbändigen Thieren

*) Chien de mer Isabelle. Broussonnet Memoires de l'Acad. des Sciences 1780.

Squalus Isabella. Linné ed. Gmelin.

Chien de mer Isabelle. Bonnaterre planches de l'Encyclopédie methodique.

ren verbindet, und die sanften reitzenden Bilder dar, welche der Name dieses berühmten Meers, und alles, was man von seinen Inseln erzählt, wo die Natur ihren Reichthum gleichsam verschwendet zu haben scheint, der Einbildungskraft darstellt?

Der Name dieses Hayen kömmt von der Farbe seines obern Körpers her, welche wirklich Isabellgelb, und mit schwarzen Flecken besäet ist, der untere Theil ist weislicht.

Diese Flecken und Farben, nebst andern vorzüglichen Theilen seiner Bildung geben ihm große Aehnlichkeiten mit dem kleingefleckten Hay. Er unterscheidet sich jedoch von ihm durch einen mehr zusammengedrückten Kopf, und durch die Stellung seiner ersten Rückenflosse, welche über den Bauchflossen sitzt, statt daß sie bei dem kleingefleckten weiter von dem Kopf entfernt ist, als letztere.

Die Schnautze ist rund, die Zähne von außen nach innen gebogen, kurz, dreieckicht, spitzig, und an beiden Enden der Basis mit einer starken Spitze versehen, gewöhnlich stehen

sie

sie in sechs Reihen, die Zunge ist kurz und dick, die Luftlöcher ziemlich groß; die Brustflossen stark ausgebreitet, und an den Körper bei der dritten Kiemenöfnung befestigt. Die Bauchflossen sind von einander getrennt, und die Seitenlinien laufen längs dem Umfang des Rückens hin, in dessen Nähe sie stehen.

Der Hammerfisch *).

(Squale marteau).

Nicht leicht ist ein Fisch den Seeleuten, und auch denjenigen bekannter, welche die Gefah-
ren

*) Poisson juif, pesce jouzion zu Marseille (wegen seiner Aehnlichkeit mit dem Kopfputz, den die Juden ehemals in Provence trugen).

Pesce martello, in mehrern südlichen Departementern.

Peis limo, limada, toilandolo in Spanien.

Ciambetta zu Rom.

Balista in mehrern Gegenden Italiens.

Balance-fish in England.

Squalus zygaena. Linné ed. Gmelin.

Chien de mer marteau. Daubenton Encyclopédie methodique.

Id.

ren der See scheuen, und doch in Gedanken die kühnen Seefahrer begleiten, als dieser.

 Man

Id. Bonnaterre planches de l'Encyclopédie.

Id. Broussonnet Memoires del'Acad. des sciences pour 1780.

Squalus corpore malleiformi. Blochs Naturgesch. der ausländ. Fische. 1 Th. 4. pl. 117.

Ostracion fronte artus forma. Klein Miss. pisc. 3. p. 13. n. 1.

Libella ciambetta. Salv. Aquat. p. 128. 129.

Libella, Balista, cagnolu. Bellon. Aquat. p. 61.

Squalus capite latissimo transverso malleiformi. Mus. ad fré. I. p. 52.

Squalus capite latissimo transverso mallei instar. Artedi gen. 67. syn. 96.

Gronov. Mus. 1. n. 139. Zooph. n 146.

Sphyraena Gillii. Mus. Bessler. p. 55. tab. 25.

Aristot. Anim. lib. 2. c 15.

Alian. an. lib. 9. c. 49.

Gessner aquat. p 1050. icon. anim. p. 150.

Aldrovand. pisc. p. 408.

Ionston pisc. p. 429. tab. 7. fig. 8 et 9.

Mac-

Man trift den Hammerfisch in allen Meeren an, seine Bildung ist so auffallend, daß sie ihn vor allen übrigen Fischen auszeichnet, und sein Andenken ist um so dauerhafter, da seine Gefrässigkeit ihn verleitet den Schiffen zu folgen, sich auf die Rheeden und an die Küsten zu wagen, wo er sich oft auf der Oberfläche des Wassers zeigt, und die Seefahrer mit seiner Grausamkeit bedroht.

Selten schlägt man eine See Reisebeschreibung nach, worin nicht von dem Hammerfisch Erwähnung geschieht, wo nicht von seinen

Marteau, poisson juif, zygaena, libella. Rondelet Ite partie. liv. 13. ch. 10.

Zigéne. Dutertre Ant. 2. p. 207.

Requin. Fermin Desc. 3. Surinam 2. p. 248.

Pantoufflier. Labat America. 4. p. 301.

Willoughby Ichthyol. p. 55. Tab. 13. 1.

Balance-fish. Raj. pisc. p. 20. n. 7.

Marteau. Valmont Bomare, Dictionnaire d'histoire naturelle.

Charleton. p. 128.

Oppian. lib. 1. p. 14.

Marteau. Duhamel Traité des pêches. IIte partie. sect. 9. p. 303. pl. 21. fig. 3. 8

seinen grausamen Gewohnheiten geredet wird, und worin nicht einigermaßen seine Form beschrieben, oder mehr oder weniger genau abgebildet ist. Seit langer Zeit findet man in beinah allen Naturaliensammlungen, und sogar in Sammlungen pharmacevtischer Substanzen irgend ein Exemplar von diesem Fisch.

Diese sonderbare Bildung besteht hauptsächlich in der ausserordentlichen Breite des Kopfs, die sich auf jeder Seite so weit ausdehnt, daß sie einen Hammer vorstellt, von welchem der Körper der Stiel ist, und wovon er den Namen erhalten, den wir ihm beibehalten.

Betrachtet man diese Figur in einer andern Richtung, und in einem Augenblick wo der Han den Kopf niederbiegt, und den Schwanz in die Höhe hält, so gleicht er einer Waage, oder einer Sezwaage, woher auch diese beiden Namen ihm beigelegt worden sind.

Der vordere Theil dieses Kopfs erstreckt sich weit zur Rechten und zur Linken, ist ein wenig ausgeschweift, aber nur leicht, und weitläufig,

läufig, so daß, wenn man ihn in einiger Entfernung betrachtet, er sich mit einer beinah geraden Linie zu endigen scheint. Die Mitte dieses langen Hammers ist oben und unten ein wenig erhaben.

Die Augen sitzen am Ende dieses Hammers, sind dick, hervorstehend, und haben einen goldfarbigen Stern, der durch den heftigen Appetit des Thiers zuweilen blutroth gefärbt wird. Wird es nur etwas gereizt, so rollt und dreht es diese Augen fürchterlich umher, welche alsdenn entzündet scheinen.

Unter dem Kopf, beinah am Anfang des Rumpfs, erblickt man eine halbrunde Oefnung, oder den Mund, welcher in jeder Kinnlade mit drei bis vier Reihen breiter, spitziger, auf beiden Seiten zackichter Zähne versehen ist. In der Mitte dieser Höhlung sieht man eine dicke, breite Zunge, die derjenigen des Menschen ziemlich ähnlich ist.

Vor dieser Oefnung, und sehr nahe an dem vordern Rand des Kopfs, sitzen die Nasenlöcher welche eine länglichte Form haben, und mit einer Haut bedeckt sind.

Der Körper ist etwas schmal, wodurch denn die Breite des Kopfs noch merklicher

wird.

wird. Die Flossen sind grau, an ihrer Basis schwarz, und an ihrem hintern Rand ein wenig halbmondförmig. Die erste Rückenflosse ist groß, und sitzt nahe am Kopf; die Bauchflossen sind getrennt; die Schwanzflosse ist lang, und die Wärzchen der Haut sind weniger dick als bei mehrern andern Hayen.

Dieser Hay, dessen Weibchen gemeiniglich zehn bis zwölf Junge auf einmal gebiert, erreicht gewöhnlich eine Länge von sieben bis acht Schuh, und eine Schwere von fünfhundert Pfund. Er kann aber auch noch größer und schwerer werden. Seine Kühnheit, seine Gefräßigkeit, und sein Blutdurst übersteigen jedoch noch seine Größe, und wenn er, ohnerachtet seines verzehrenden Hungers, und seiner heftigen Begierden, den grossen Hayen an Macht nachstehen muß, so ist er ihnen wenigstens an Wuth gleich, oder übertrift sie noch.

Der Schaufelfisch *).
(Squale pantouflier).

Dieser Hay hat so große Aehnlichkeiten mit dem Hammerfisch, daß man sie oft mit einander

*) Demoiselle im französischen Guyana.

Squalus tiburo. Linné ed Gmelin.

Chien de mer pantouflier Broussonnet Memoires de l'Acad. des sciences pour 1780.

Id. Daubenton Encyclopédie methodique.

id. Bonnaterre planches de l'Encyclopédie methodique.

Ostracion capite cordis figura, vel triangulari. Klein Miss. pisc. 3. p. 13. n. 2. tab. 2. fig. 3 & 4.

Zygaenae affinis capite triangulo. Willoughby Ichth. p. 55. tab. 13. 9. fig. 4.

Pa-

ander verwechselt hat, und daß die meisten Autoren, die sie von einander unterscheiden wollten, nicht die wahren unterscheidenden Merkmale derselben trafen. Da die Sammlung des National-Museums der Naturgeschichte mehrere Individuen dieser Gattung enthält, so haben wir die ihr eigenthümlichen Merkmale genau bemerken können, und geben sie hier an, nach einem Schaufelfisch, den erst neuerlich der B. Leblond von Cayenne eingesandt hat, und von welchem wir die Abbildung stechen lassen.

Um diese Beschreibung noch vollständiger zu machen, haben wir die ausführlichen Anmerkungen benuzt, die wir in Commersons Handschriften über diesen Hay gefunden haben.

Der Hauptzug, an dem man den Schaufelfisch von dem Hammerfisch unterscheiden kann, ist

Papana. Guill. Pison histoire naturelle et medicale des Indes occidentales. liv. 3. sect. 1.

Tiburonis species minor. Marcgr. Brasil. p. 181.

ist die Form seines Kopfs, denn dieser ist im Verhältniß seiner Länge nicht so kurz, als der des Hammerfischs. Statt eine Art langen Queerbalken zu bilden, der am Ende des Rumpfs des Thiers sitzt, kann man dessen Figur mit dem Segment eines Zirkels vergleichen, dessen Chorde der hintere Kopf ist, und dessen Bogen in sechs breite Festons abgetheilt ist.

Aus dieser Bildung erhellt, daß die Mitte der Schnauzenspitze der eingebogenen Krümmung entspricht, welche die drei Festons der einen, von denen drei der andern Seite scheidet, und daß folglich diese Mitte nicht der vorragendste Theil des Kopfs ist, wie bei dem Hammerfisch. Diese sechs Festons oder Ausschnitte sind einander nicht gleich, sondern die zwei der Mitte sind größer, als die nächsten, aber kleiner als die beiden äussersten, welche die breitesten unter allen sechsen sind. Wenn nun dieser ganze Umfang recht entwickelt, und der Einschnitt der Mitte etwas tief ist, wie man bei einigen Individuen wahrnimmt, so hat das Ganze des Kopfs mit dem Vordertheil des Rumpfs betrachtet, einige Aehnlichkeit mit einem

einem Herzen, wie auch mehrere Naturforscher behauptet haben.

Auf diesem Hayen bemerkt man gar keine Flecken; sein oberer Theil ist grau, und der untere weißlicht. Seine Haut ist mit sehr kleinen Wärzchen besetzt, und die so liegen, daß man deren Rauhheit erst dann fühlt, wenn man mit der Hand von dem Schwanz gegen den Kopf zufährt.

Der obere und untere Theil der Schnauze ist mit einer unzähligen Menge kleiner Poren besetzt, die man wegen ihrer Kleinheit nicht unterscheiden kann, die aber, wenn sie zusammengedrückt werden, eine dicke schleimichte Feuchtigkeit gehen lassen.

Die Nasenlöcher sitzen zum Theil auf dem Umfang des Segments, welches der Kopf bildet, und an den beiden Enden der Chorde dieses Segments sitzen die Augen, deren Stellung weit geschickter ist, die Gegenstände, so auf der Seite des Thiers sind, zu unterscheiden, als die, so vor ihm sind.

Com=

Commerson zufolg ist der Augenstern weißlicht, mit einem weißen Kreis umgeben, und der Augapfel seegrün.

Die Oefnung des Mundes sitzt unter dem Kopf, und in einer ziemlichen Entfernung von der Spitze der Schnauze.

Die Zähne, welche etwas rückwärts gebogen, und bei jungen Schaufelfischen nicht gezackt sind, stehen in mehrern Reihen.

Die Zunge ist knorpelicht, rauh, breit, dick kurz, vorn rund, unten festgemacht, aber in ihrem Umfang frei.

Die Rückenlinie folgt der Krümmung des Rückens, dem sie näher ist, als dem Unterleib.

Die Form, Größe und Stellung der Flossen ist beinah dieselbe wie bei dem Hammerfisch *).

Am

*) Commerson hat fünf und zwanzig bis dreißig knorpelichte Strahlen in jeder Brustflosse gezählt, und funfzehn bis achtzehn in der ersten Rückenflosse.

Am Ende des Rückens bemerkt man eine Vertiefung, oder Grübchen, so wie bei dem Menschenfresser und dem blauen Hay.

Das Herz ist sehr roth, dreieckicht, und ziemlich groß, so wie dessen Ohr. Der Magen hat eine conische Form, der Darmkanal ist zweimal gekrümmt, der Mastdarm ziemlich lang, und die Leber weiß, und in zwei lange Flügel abgetheilt, wovon der linke nicht so ausgedehnt ist, wie der rechte.

Hier folgen nun die Ausmessungen eines Schaufelfischs, den Commerson unmittelbar, nachdem er aus der See kam, gemessen hat.

	Schuh.	Zoll.	Linien.
Länge von der Spize der Schnauze an, bis zum vordern Winkel des Mundes	—	1	10
bis zu den Nasenlöchern	—	1	8
bis zu den Augen	—	2	6
bis zu den hintern Winkeln des Kopfs	—	3	3
Länge von der Spize der Schnauze an, bis zur ersten Kiemenöfnung	—	3	8

bis

	Schuh.	Zoll.	Linien.
bis zur zweiten Kiemenöfnung	—	3	11
bis zur dritten —	—	4	2
bis zur vierten —	—	4	5
bis zur fünften —	—	4	8
bis zur vordern Spitze der Basis der Brustflossen	—	4	9
bis zur vordern Spitze der Basis der ersten Rückenflosse	—	6	3
bis zur Basis der Bauchflossen	—	9	
bis zum After	—	9	6
bis zum Ursprung der Afterflosse	—	11	9
bis zur Basis der zweiten Rückenflosse	1	—	3
bis zur vordern Spitze der Basis der Schwan flosse	1	2	6
bis zum Ende des Schwanzes	1	8	—
Entfernung von einem Nasenloch zum andern	—	3	6
Entfernung von einem Auge zum andern	—	3	8
Gröste Breite des Körpers	—	2	—
Dicke an der Spitze der Schnautze	—	—	1

Dicke

	Schuh.	Zoll.	Linien.
Dicke auf der Spitze der untern Kinnlade	—	—	8
Dicke bei den Brustflossen	—	1	6
— bei der ersten Rückenflosse	—	2	6
Dicke bei dem After	—	2	3
— bei der zweiten Rückenflosse	—	1	10
Dicke bei der Schwanzflosse	—	1	—

Gewicht des Thiers, ein und ein viertel Pfund.

Die Gewohnheiten des Schaufelfisches sind denjenigen des Hammerfisches ziemlich ähnlich, er ist aber nicht so wild, wie letzterer, und muß weniger gefräßig seyn, da er bei weitem nicht so groß wird. Leblond schreibt aus dem französischen Gayana, daß man selten Fische dieser Art sieht, welche über drei Schuh lang sind. Da dieser Hay keine solche Menge Nahrung bedarf, wie der Hammerfisch, so kann sie besser ausgewählt seyn, um so mehr, da das Thier weniger gierig ist. Auch ist dessen Fleisch weniger schlechtschmeckend, als dasjenige des Hammerfisches, und hat zuweilen einen ziemlich an-

angenehmen Geschmack, daher auch die Negern gern davon essen.

Der Schaufelfisch bewohnt die Ufer von Guyana und die von Brasilien, in den Ost Indischen Meeren hat man ihn noch nicht gesehen, dagegen hat ihn Commerson in den Gewässern von Süd-Amerika gefunden, und auch im Monat Februar an den Küsten des mittländischen Meers angetroffen.

Der Seefuchs *).

(Squale renard.)

Alle Hayen haben den Namen Seehund erhalten, aber diese Benennung ist von mehrern

*) Peis ipaso, in mehrern südlichen Departementern, wo man seinen Schwanz mit einem langen Degen verglichen.

Squalus vulpes. Linné ed. Gmelin.

Chien de mer renard. Broussonnet Mem. de l'Acad. des Sciences. 1780.

Id. Bonnaterre planches de l'Encyclopédie methodique.

Squalus cauda longiore quam ipsum corpus Artedi. Syn. 96.

Salv. Aquat. p. 130.

Vulpecula. Willoughby Ichthyol. p. 54. tab. 13. 5. fig. 2.

rern Autoren denjenigen dieser Fische besonders beigelegt worden, welche die gröste länge erreichen; die kleinern Gattungen wurden **Seekatzen** (chats marins) oder **Seewiesel**, (belettes de mer) genennt.

Hier ist nun ein Fisch von derselben Familie, der einen sehr langen und steifen Schwanz hat, und den Namen **Seefuchs** erhalten. Man findet ihn in dem mittelländischen Meer und im Ozean, vorzüglich aber an den Küsten von Schottland und England. Er ist gewöhnlich sieben bis acht Schuh lang, und seine Haut die mit sehr kleinen Wärzchen oder Schuppen bedeckt ist, hat auf dem obern Körper eine graubläulichte, und an dem untern eine weislichte Farbe.

Die

Renard. Rondelet prem. partie. liv. 13. ch. 9.

Sea-fox. Pennant Zool. britt. 3. p. 86. N. 6. tab. 4.

Renard marin. Valmont Bomare Dictionaire d'Histoire naturelle.

Vulpes marinus. Plinii hist. mundi. lib. 9. cap. 43.

Die Schnautze ist spitzig, der Kopf kurz und kegelförmig, die Augen groß, und die Kinnladen sind mit drei bis vier Reihen dreieckichter Zähne besetzt, welche einwärts gekrümmt, spitzig, und ohne Zacken sind.

Die Seitenlinie ist gerade die erste Rükkenflosse, sizt mitten auf der länge des Rükkens, ohngefähr wie bei dem Hammerfisch. Die Bauchflossen stehen dicht beisammen, und bei dem Ursprung des Schwanzes sieht man ein dreieckichtes Grübchen.

Der Schwanz ist sehr lang, und als unterscheidendes Kennzeichen des Seefuchses ist er unten mit einer Flosse versehen, die in zwei Flügel getheilt ist, wovon der untere sehr kurz, der obere Sichelförmig und länger als der Körper des Thiers ist.

Diese sehr lange Flosse gleicht einen gewaltigen Ruder, welches dem Seefuchs eine neue Kraft giebt, seine Feinde anzufallen, oder ihnen auszuweichen, da er auch außer seiner großen Schnelligkeit, einen sehr feinen Geruch zu besitzen scheint, so ist nicht zu verwundern, daß er sehr gefräßig ist, und daß seine Bewegungen und Wendungen in dem Wasser einige Aehnlichkeit mit den Kunstgriffen und der List des eigentlichen Fuchses auf dem Land haben *); welches denn auch vieles zu dem Namen beigetragen haben mag, den wir ihm beibehalten.

*) Plinius schreibt, daß wenn dieser Hay den Angel angebissen, er ihn so hinunterzuschlucken wisse, daß er bis zu der Schnur kömmt, die er alsdenn mit seinen Zähnen entzweibeißt.

Der graue Hay *).
(Squale griset).

Dieser Fisch, dessen Name die Farbe anzeigt, hat auf jeder Seite sechs Kiemenöfnungen, und unterscheidet sich durch diese Anzahl von allen übrigen Hayen des Untergeschlechts, zu dem er gehört.

Die Schnauze ist rund; die Mundöfnung groß, und halbzirkelförmig. Die Zähne, mit welchen die untere Kinnlade dicht besäet ist, sind

*) Chien de mer griset. Broussonnet Mém. des l'Acad. des Sciences 1780.
Squalus griseus. Linné ed. Gmelin.
Chien de mer griset. Bonnaterre planches de l'Encyclopédie methodique.

sind sehr groß, sehr flach, beinah viereckigt und zackicht. Die der obern Kinnlade sind lang, spitzig, ohne Zacken, schmäler, kürzer, und vorn im Rachen spitziger als auf den Seiten.

Die Nasenlöcher sitzen sehr nah an der Spitze der Schnautze, doch noch etwas entfernter davon als die Augen. Leztere sind groß, oval, und ziemlich weit von den sehr kleinen Luftlöchern entfernt.

Die sechs Kiemenöfnungen auf jeder Seite sind sehr groß, und stehen sehr nahe beisammen. Es ist nur eine Rückenflosse vorhanden, und diese sizt näher gegen den Kopf zu als die Afterflosse, der sie sehr ähnlich, aber doch größer ist.

Der Dornhay *).

(Squale aiguillat).

Wir kommen nunmehr zu dem dritten Untergeschlecht in dem allgemeinen Geschlecht der Hayen.

*) Chien de mer Aguillat in mehreren südlichen Departementern.
Azio um Venedig herum.
Aguzeo bei Genua.
Scazone zu Rom.
Piked dog in England. desgleichen houndfish.
Chien de mer aiguillat. Daubenton Encyclopédie methodique.
Id. Broussonnet Mem. de l'Acad. des sciences 1780.
Squalus acanthias. Linné ed. Gmelin.
Blochs

Hayen. Diese besondere, merkwürdige und zahlreiche Klasse enthält die Hayen, welche

lust=

Blochs Naturgesch. der Fische Deutschlands 3ter Theil. pl. 85.

Chien de mer aiguillat. Bonnaterre planches de l'Encyclopédie.

[illegible]ig[illegible]illat. Valmont Bomare Dict. d'Histoire naturelle.

Fauna suecica. 295.

Mus. ad. fr. 1. p. 53.

It. Wgoth. 174.

Squalus pinna ani nulla, corpore rotundo. Artedi. gen. 66. Syn 94. spec. 102.

Müller prodrom. Zool. dan. p. 37. n. 311.

Gronov. Mus. 1. n. 134. Zooph. n. 149.

Brown. Jamaic. p. 458. n. 3. (Brown hat die beiden Bauchflossen für zwei Afterflossen gehalten).

Salv. Aquat. p 135. b. f. p. 136.

Mustelus spinax. Bellon. Aquat. p. 65.

Acanthias &c. Aristot. hist. anim. lib. 6. c. 10.

Aiguillat, Galeus acanthias. Rondelet Ire partie liv. 3. ch. 1.

Klein Miss. pisc. 3. p. 8. n. 1. tab. 1. fig. 5 & 6.

Ges-

Luftlöcher bei den Augen, und gar keine Afterflossen haben, wodurch sie eine neue Aehnlichkeit mit den Rochen erhalten.

Einer der Hayen dieses Geschlechts, der am längsten bekannt ist, ist der Dornhay, der alle Meere bewohnt, hauptsächlich das Mittelländische, wo er von Aristoteles Zeiten an bis auf die unsrigen von einer Menge Naturforscher beobachtet worden.

Sein Kopf ist flach, kegelförmig, vorn dünn, rund an der Spitze des Rüssels, und durch-

Gessner Aquat. 607. Dornhund. Thierbuch f. 77. a.

Willoughby Ichthyol. p. 56. Tab. 1. 3. 4. fig 1.

Galeus acanthias, sive spinax. Ray. pisc. p. 21.

Piked dogfisch. Pennant Zoolog. britt 3. p. 77. n. 2.

Charleton. p. 128.

Galeus acanthias. Jonston l. 1. tit. 1. c. 3. a 2. punct. 5. tab. 8. fig. 5.

Galeus acanthias, sive spinax. Aldrovand lib. 3. c. 40. p. 392.

Canis acanthias spinax. Schonev. p. 28

Mustelus spinax. Scaliger.

durchsichtiger als mehrere andere Hay-Köpfe. Jedes Nasenloch hat zwey kleine, beinah runde Oefnungen, die gleich weit von der Spitze der Schnauze, und der Mundöfnung entfernt sitzen. In der Nähe der Augen sieht man acht Reihen Poren, die bestimmt sind, eine schleimichte Feuchtigkeit auszuführen.

Die Zähne, welche gewöhnlich drei Reihen bilden, sind lang, spitzig, und an jeder Seite ihrer Basis mit einer ziemlich starken Spitze versehen. Sie gleichen sehr denjenigen des kleingefleckten Hayen, lassen sich aber leicht von ihnen unterscheiden, indem die Zähne des leztern gezackt sind, die des Dornhayen hingegen nur sehr kleine Zacken bekommen, und zwar erst, wenn das Thier vollkommen entwikkelt ist.

Die Seitenlinie ist gerad. Die erste Rückenflosse sitzt beinahe eben so weit gegen dem Kopf zu, als die Brustflossen, und die zweite sitzt näher gegen das Ende des Schwanzes zu, als die Bauchflossen. Beide sind an dem Vordertheil ihrer Basis mit einem sehr harten, starken, weißen, beinah dreieckichten

Sta-

Stachel, oder dornartigen ersten Strahl versehen.

Dieser Stachel, womit jede Rückenflosse bewafnet ist, wird schon mit dem Fötus gebildet, an welchem man ihn, obgleich noch etwas weich, fühlen kann. Man hat behauptet, daß dieser Stachel giftig sey, und wir haben gesehen, daß man eben diese giftige Eigenschaft den Stacheln des **Meeradlers** und des **Stechrochens** zugeschrieben; er ist aber so wenig giftig als die letztern, sondern seine Wirkung ist ohngefähr derjenigen ähnlich, die man empfindet, wenn man von den Stacheln des Meeradlers und des Stechrochens verwundet worden. Daher rührt das Vorurtheil von der Giftigkeit des Stachels des Dornhayen.

Es ist vielleicht überflüssig zu bemerken, daß ähnliche Stacheln neben den Rückenflossen des Philippshay sitzen.

Das Ende des Schwanzes des Dornhayen ist gleichsam in eine Flosse eingehüllt, welche in zwei Flügel abgetheilt ist, wovon der obere länger als der untere.

Im übrigen sind alle Flossen schwarz. Die Farbe des obern Körpers ist schwarzblaulicht, mit weissen Flecken besetzt, die man an den jungen zahlreicher bemerkt. Der Unterleib ist weiß, und die Seiten weislicht, mit einem violetten Schimmer. Auch sieht man Runzeln oder Furchen schief gegen die Seitenlinie laufen, einige von oben nach unten, andere von unten nach oben zu, und die sich so vereinigen, daß sie vorspringende Winkel gegen den Kopf zu bilden.

Das Fleisch des Dornhayen ist fadigt, hart und unangenehm von Geschmack, in einigen Gegenden des nördlichen Europa wird jedoch das Gelbe seiner Eier sehr gesucht. Seine Haut wird gleichfalls in den Künsten gebraucht, und zwar eben so wie die des Menschenfressers und des kleingefleckten Hayen.

Zu dieser Gattung kann man ohnstreitig den jungen Hay rechnen, der in Molinas Versuch einer Naturgeschichte von Chili *) unter dem Namen Squalus fernandi-

*) Essai sur l'histoire naturelle du Chili par Molina.

dinus *) und Tollo **) beschrieben ist, und der sich durch kein sicheres Merkmal von dem Dornhay unterscheidet.

Die Bewohner von Chili halten die Stacheln dieses Hayen für ein sicheres Mittel gegen Zahnschmerzen, wenn man nemlich die Spitzen derselben an den kranken Zahn setzt, das Unsichere dieser Behauptung bedarf wohl keiner Widerlegung.

*) Squalus pinna anali nulla, dorsalibus spinosis, corpore tereti ocellato. Molina Essay &c. p. 208.

**) Squale du Tollo, au Chili. Note, die uns von dem berühmten Reisenden Dombay mitgetheilt worden, der als ein Opfer seines Eifers für den Fortgang der Naturwissenschaft umgekommen.

Der

Der Spornhay *).
(Squale Sagre).

Dieser Hay gleicht dem Dornhay so sehr, daß er oft mit ihm verwechselt worden. Hier sind die

*) Sagree an der Küste von Genua.

Chien de mer sagre. Daubenton Encyclopédie methodique.

Squalus spinax. Linné ed. Gmelin.

Chien de mer sagre. Bonnaterre planches de l'Encyclopédie.

Id. Broussonnet Mem. de l'Acad. des sciences 1780.

Squalus pinna ani carens, naribus in extremo rostro. Artedi gen. 67. syn. 95.

Mus.

die Kennzeichen, welche ihn zu einer besondern Gattung bestimmen.

Die Nasenlöcher sitzen beinah an der Spitze der Schnautze, statt daß sie ohngefähr in gleicher Entfernung von dieser Spitze und der Mundöfnung sitzen sollten. Der Rücken ist flächer, als der des Dornhays. Die Hauptfarbe des Thiers ist stark braun, und der untere Theil des Körpers ist mit stärkern Wärzchen oder Buckeln besetzt, und hat eine dunklere, schwärzlichere Farbe als der obere. Dies wird denjenigen merkwürdig scheinen, die sich desjenigen erinnern, was wir in unserer ersten Abhandlung über die Farben und Bedeckungshäute der Fische gesagt haben; denn wir finden in der ganzen Klasse der Fische, wenig Beispiele, dieser außerordentlichen und umgekehrten

Mus. ad fr. 2. p. 49. *

Fauna suecica. p. 296.

Squalus niger. Gunner Act. nidros. 2. p. 213. tab. 7 & 8.

Galeus acanthias, seu spinax fuscus. Willoughby Ichthyol. p. 57.

Ray pisc. p. 21.

Mustelus seu spinax. Edw. Glan. tab. 289.

ten Anordnung der Farben und Wärzchen, welche, wie wir bemerkt haben, eine besondere Abtheilung der verschiedenen Gefäße voraussetzt, welche den untern Theilen des Thiers zunächst liegen. Dies ist hinreichend die Gattung von allen übrigen abzusondern, an denen man nicht dasselbe Kennzeichen bemerkt.

Der Spornhay lebt in dem mittelländischen Meer, so wie auch in dem Ozean, und zwar unter sehr nördlichen Breiten.

Das

Das Seeschwein *).
(Squale humantin).

Das Seeschwein, welches das Mittelländische Meer und den Ozean bewohnt, hat so wie der Dorn-

*) Bernadet. Renard Humanthin. Porc. in mehrern südlichen Departementern.

Pesce porco zu Rom.

Chien de mer humantin. Daubenton Encyclopédie methodique.

Squalus centrina. Linné ed. Gmelin.

Chien de mer humantin. Broussonnet Mem. de l'Acad des Sciences 1780.

Id. Bonnaterre planches de l'Encyclopédie methodique.

Humantin. Dessins sur velin de la Bibliotheque du Muséum national d'histoire naturelle.

 Artedi.

Dorn- und Spornhay, einen sehr harten, starken Stachel auf jeder seiner beiden Rükkenflossen. Dieser Stachel ist jedoch in der ersten Rückenflosse gegen den Kopf zu gebogen, statt daß er bei dem Dorn- und Spornhay in beiden Flossen gegen den Schwanz zu gerichtet ist.

Aber

Artedi. gen. 67. 5. syn. 95.

Müller prodr. Zoolog. dan. p. 37. n. 313.

Bloch Naturgesch. der auslaend. Fische. 1r Th. 4 pl. 115.

Klein Miss. pisc. 3. p. 10. n. 7.

Vulpecula. Bellon Aquat. p. 62. 64.

Alian. Anim. l. 1. c. 55. l. 2. c 8.

Gessner Aquat. p. 609. Icon. anim. p. 146. Thierbuch p. 786.

Salv. aquat. p. 156. b.

Porc & centrina. Rondelet prem. partie. liv. 13. ch. 8.

Aldrovand. pisc. p. 401.

Jonston pisc. p. 28. Tab. 8. F. 4 et 5.

Centrina. Willoughby Ichthyol. p. 58. tab. 13. 1 et 2.

Id Raj. pisc. p 21.

Porc marin. Valmont Bomare Diction. d'histoire naturelle.

Aber diese Richtung des Stachels abgerechnet, ist es sehr leicht, diesen Hayen von allen übrigen zu unterscheiden, und zwar durch die Form seines Körpers, der ein dreiwinklichtes Prisma vorstellt, wovon der Bauch die eine Fläche ausmacht.

Der Rücken ist folglich kielförmig erhaben, und da dieser in der Mitte seiner Länge erhöhte Theil, sich gegen den Schwanz, und den Kopf zu erniedrigt, welcher leztere klein und flach ist, so stellt das Thier von der Seite gesehen, eine Art dreiseitiger, niedriger und unregelmäßiger Pyramide vor.

Die Farbe des obern Körpers ist braun, und die des untern weislicht. Die Haut, welche ein dickes fettiges Fell bedeckt, ist mit dikken, harten und vorragenden Buckeln besezt. Das Fleisch ist so hart und fadigt, daß es gar nicht geschäzt wird, daher giebt man sich keine Mühe das Seeschwein zu fangen, um so weniger, da es selten an die Ufer kömmt, sondern lieber in dem Schlamm und Grund der See liegen bleibt, woher es auch den Namen Seeschwein erhalten. Man bedient sich jedoch seiner Haut, um harte Körper damit zu poliren.

Die Hayen dieser Art haben gewöhnlich etwas über vier Schuh länge, wenn sie den höchsten Grad ihres Wachsthums erreicht zu haben scheinen. Die obere Kinnlade ist mit dreien, und die untere mit einer Reihe spitziger Zähne bewafnet. Die Rückenflossen stehen nahe bei dem Kopf; die zweite sizt über den Bauchflossen. Der Schwanz und die Flosse, die dessen Ende umgiebt, sind im Verhältniß gegen die länge des Körpers ziemlich kurz.

Der amerikanische Hay *).
(Squale liche).

Dieser Hay ist bei Kap Breton in Nord-Amerika gesehen worden. Sein Kopf ist groß, und die Schnautze kurz und rund. Seine Zähne sind von vorn nach hinten zu gebogen, flach, lang, spitzig, und in mehrere Reihen geordnet. Die größten sind zackicht; vielleicht sind sie es alle bei denen die älter sind, als die so man beobachtet hat, und welche nur ohn-

*) Chien de mer liche. Broussonnet Mem. de l'Acad. des sciences 1780.

Id. Bonnaterre planches de l'Encyclopédie methodique.

Squalus americanus. Linne ed. Gmelin.

ohngefähr drei Schuh länge hatten. An dem vordersten Rand der Schnautze sieht man die Nasenlöcher, welche ziemlich weit sind.

Die beiden lezten Kiemenöfnungen auf jeder Seite, stehen sehr dicht beisammen, und die luftlöcher sind von den Augen entfernt. Die Rückenflossen haben keine Stacheln, und die erste, welche kleiner als die zweite, sitzt näher gegen den Kopf zu, als gegen die Mitte der länge des Körpers. Die zweite ist etwas weiter davon entfernt als die Afterflosse.

Die Bauchflossen sind groß, und nähern sich dem Schwanz, der sich mit einer lanzenförmigen Flosse endigt. Der ganze Körper ist mit kleinen eckichten Schuppen oder Wärzchen bedeckt.

Gronovs-Hay *).

(Squale Gronovien).

Unter dieser Benennung verstehen wir einen Hay, dessen Kenntniß wir dem Gronovius verdanken. Er ist in dem Indischen Meer gefangen worden, und das Kennzeichen, wodurch er sich von den übrigen Hayen desselben Untergeschlechts unterscheidet, besteht in der Stellung seiner beiden Rückenflossen, wovon die erstere näher bei dem Schwanz sitzt, als die Bauchflossen, und die zweite weit von der ersten entfernt, gegen die Spitze des Schwanzes zu

*) Squalus dorso vario inerme, dentibus acutis. Gronov. Mus. n. 133. Zooph. 150.
Squalus Indicus. Linné ed. Gmelin.

zu sitzt. Beide sind übrigens klein. Die Schnautze ist rund, und in jeder Kinnlade sieht man sieben Reihen spitziger Zähne; die Bauchflossen sitzen nahe beisammen; die des Schwanzes hat nur einen Flügel, und die graue Farbe des Kopfs und des Rückens ist mit schwarzen Flecken besezt.

Der zackichte Hay.
(Squale dentéllé).

Wir geben diesen Namen einem Hay, dessen Beschreibung noch nicht bekannt gemacht worden, und dessen sehr hoher Rücken wirklich zackicht oder gezahnt aussieht, wegen einer Reihe kleiner Wärzchen, welche beinah zwischen den Augen anfängt, und sich bis zur ersten Rückenflosse erstreckt.

Den Fisch dieser Gattung, den wir beobachtet, gehört zu der Sammlung welche von Holland an Frankreich überlassen worden, und jezt in dem Museum der Naturgeschichte aufbewahrt wird. Auf dem ganzen Körper und Schwanz sieht man röthliche, ziemlich groſse, und unregelmäſsige Flecken, und der hintere

Theil

Theil aller Flossen, die Schwanzflosse ausgenommen, hat eine dunkle Farbe.

Die Zähne sind dreieckicht; eine Haut, welche sich wie eine Bartfaser endigt, verschließt die Oefnung jedes Nasenlochs; die Oberlippe ist in ihrer Mitte etwas ausgeschweift; die Luftlöcher sitzen sehr nahe bei den Augen, und an jeder Seite des Körpers zählt man fünf Kiemenöfnungen.

Die erste Rückenflosse ist weiter vom Kopf entfernt, als der After; die zweite sitzt nahe bei der ersten; die Schwanzflosse ist in zwei Flügel abgetheilt, welche an der Spitze des Schwanzes sich scheiden, und wovon der untere, welcher größer als der obere, so ausgeschnitten ist, daß er in drei kleinere Flügel abgetheilt scheint. Es ist uns nicht bekannt, welche Meere dieser Hay bewohnt.

Der

Der Nagelhay *).

(Squale bouclé).

Das charakteristische Kennzeichen dieser Gattung besteht in ungleichen Buckeln, welche an ihrer Basis breit und rund, und oben mit einer oder zwei krummen Spitzen oder Haken versehen sind, denjenigen ähnlich, die man auf dem Nagel Rochen bemerkt, und die man auf der ganzen Oberfläche des Thiers verbreitet findet.

Broussonnet hat im Jahr 1780 zuerst eine Beschreibung dieses Hayen geliefert, nach einem

*) Chien de mer boucle. Broussonnet Mem. de l'Acad. des Sciences pour 1780.

Id. Bonnaterre planches de l'Encyclopédie methodique.

Squalus spinosus. Linné ed. Gmelin.

einem Individuum von vier Schuh länge, welches in dem Museum der Naturgeschichte aufbewahrt wird.

Die Schnauze dieses Hayen ist vorstehend und konisch; die Oefnung des Mundes ist nicht sehr groß; die Zähne sind rückwärts gebogen, beinah viereckicht, an den Rändern ausgeschnitten, und stehen in mehreren Reihen.

Die erste Rückenflosse sitzt eben so weit vom Kopf entfernt, als die Bauchflossen, welche leztere jedoch näher gegen das Ende des Schwanzes zu sitzen, als bei mehrern andern Gattungen dieser Fische. Auch sind die Bauchflossen beinah eben so groß als die Brustflossen.

Der schuppichte Hay *).
(Squale écailleux).

Wir haben gesehen, daß die Buckeln oder Warzen, welche den Körper des Menschenfressers und anderer Hayen bedecken, sich bei dem Bärtchen, dem Barthay und einigen andern sich in mehr oder minder bestimmte, mehr oder minder glatte und glänzende Schuppen verwandeln. Vorzüglich aber bemerkt man an dem gegenwärtigen Hay, und zwar an den harten Theilen, welche seine Haut bedecken, eine wahre Schuppenform, daher auch der Name genommen

*) Chien de mer écailleux. Broussonnet Memoires de l'Acad. des Sciences 1780.

Id. Bonnaterre planches de l'Encyclopédie methodique.

Squalus squamosus. Linné ed. Gmelin.

men, den wir ihn beibehalten haben. Diese Schuppen sind ziemlich groß, aber an Umfang ungleich, oval, und mit einer in die Länge laufenden Gräte erhaben.

Die Schnautze ist lang, und von oben nach unten zu flach; die Oefnung des Mundes ein wenig klein und bogenförmig, die Zähne beinah viereckicht, an ihren Rändern ohngefähr so ausgeschnitten, wie bey dem Nagelhay, und in der untern Kinnlade größer als in der obern.

Die Rückenflossen sind länglicht, nehmen einen ziemlichen Raum auf dem Rücken ein, und jede ist mit einem Stachel versehen, wie die des Dornhays, des Spornhays und des Seeschweins. Die zweite dieser Flossen sitzt nicht so nahe am Kopf, wie die Bauchflossen, welche jedoch ziemlich weit davon entfernt sitzen.

Broussonnet hat im Jahr 1780 diese Gattung zuerst beschrieben, und zwar nach einem Original von ohngefähr drei Schuh Länge, welches in dem National-Museum der Naturgeschichte aufbewahrt wird.

Der Sägefisch *).

(Squale Scie).

Der Name der von alten und neuern Schriftstellern diesem Hay beigelegt worden, deutet die

*) Espadou.

Epée de mer.

Sag-fisk, in Schweden.

Saw-fish in England.

Chien de mer scie. Daubenton Encyclopédie méthodique.

Id. Bonnaterre planches de l'Encyclopédie méthodique.

Id. Brouſſonnet Mem. de l'Acad. des Sciences 1780.

Scie, Espadou, Epée de mer. Valmont Bomare Dictionnaire d'histoire naturelle.

Sabu-

die furchtbare Waffe an, mit der sein Kopf versehen ist, und wodurch er sich allein schon von

Squalus pristis. Linné ed. Gmelin.

Fauna suecica. 297.

Mus. ad fr. 1. p. 52.

O. Fabricii fauna groenland. p. 130. n. 91.

Müller prodr. Zoolog. dan. p. 38. n. 319.

Squalus rostro longo cuspidato osseo plano utrinque dentato. Artedi gen. 66. syn 93.

Gronov. Mus. 1. n. 132. Zooph. n. 148.

Brown jamaic. p. 458. n. 1.

Blochs Naturgesch. auslaend. Fische 1. Th. 4. pl. 120.

Klein Miss. pisc. 3. p. 12. n. 11. tab. 3. fig. 1 et 2.

Squalus rastrifer. Commerson angeführte Handschriften.

Araguagna. Marcr. Brasil. p. 158.

Id Pisc. Ind. p, 54.

Serra. Plinii hist. mundi. l. 32. c 11.

Clus. Exot. p 135.

Aldrovand. Cet. p. 692.

Olear. Kunstk. p. 41.

Gessner Aquat. p. 739. Icon. Anim. p. 171. Thierb. p. 101.

Wil-

von allen übrigen bekannten Fischgattungen unterscheidet.

Diese starke Waffe besteht in einer Verlängerung des Rüssels, der statt rund oder spitzig zuzugehen, sich in ein sehr langes, festes, von oben nach unten flaches und sehr schmales Schwerdt endigt, welches aus einer knochigten, oder vielmehr sehr harten knorpelichten Materie besteht. Man kann es füglich einer Degenklinge vergleichen, und es ist auch mit einer lederartigen Haut überzogen.

Die Länge dieses Schwerdts beträgt gemeiniglich das Drittel der Länge des ganzen Kör-

Willoughby Ichthyol. p. 61. Tab. 3. 9. fig. 5.

Raj. pisc. p 23.

Vivelle. Rondelet Ite partie liv. 16. ch. 11.

Xiphias vel Gladius. Jonston pisc. p. 15. tab. 4. fig. 1.

Blas. Anat. p. 307. tab. 49. fig. 13.

Spadou. Dutertre Antil. p. 207.

Serra marina; langue de serpent. Bellon Aquat. p. 66.

Aristot. hist. anim. l. 6. c. 12.

Athen. l. 8. p. 333.

Körpers, gegen den Kopf zu wird es breiter, so daß seine Breite an dem Kopf, den siebenten Theil der länge desselben beträgt, während daß sie am andern Ende nur den zwölften Theil der länge gleichkommt. An dem vordern Ende läuft es nicht spiz, sondern rund zu, und die beiden Seiten desselben sind mit einer kleinern oder größern Anzahl Zähne, oder zahnförmiger Anhängsel besezt, welche sehr stark, hart, groß und lang sind.

Diese Zähne sind ein Theil des Schwerdts selbst, und von derselben Substanz, auch stekken sie nicht in Höhlen wie andere Zähne, sondern gehen aus dem Schwerdt aus, wie Zweige aus einem Stamm, durch das Fell, womit es überzogen ist, durch, und erscheinen auswärts ganz blos.

Die länge dieser Zähne, welche ziemlich weit von einander entfernt sizen, ist öfters der halben Breite des Schwerdts gleich, und geben denselben die Form eines langen Kammes, der auf beiden Seiten mit Zähnen versehen ist; oder eigentlicher zu reden, gleicht es einem Gärtner Rechen, daher auch einige Naturforscher

scher diesem Hay den Namen Rechen oder Rechenträger *) beigelegt haben.

So lange das Thier noch in seinem Ei verschlossen, oder erst seit kurzem ausgekrochen ist, so ist der knorpelichte Theil, da sein Schwerdt ausmachen soll, weich, so wie auch die Zähne desselben, welche in diesem Alter des Thiers beinah noch ganz unter dem Fell verborgen stecken. Die Anzahl dieser Zähne ist je nach den Individuen verschieden, und beträgt gewöhnlich fünf und zwanzig bis dreißig auf jeder Seite. In der Folge werden wir den Gebrauch sehen, den der Hay von diesem Schwerdt macht, vorjetzt wollen wir die übrigen Theile seiner Bildung durchgehen.

Die Farbe des obern Körpers dieses Fischs ist grau, und beinah schwarz, an den Seiten ist sie heller, und der Unterleib weislicht. Auf der Haut sieht man ganz kleine Wärzchen, deren Spitze gegen den Schwanz zugekehrt ist, und deren Rauhheit man folglich erst dann bemerkt, wenn man mit der Hand von dem Schwanz gegen den Kopf zufährt.

*) Rateau, oder porte rateau.

Der Kopf und der vordere Theil des Körpers sind flach; die Oefnung des Mundes ist halbrund, und sitzt am untern Theil des Kopfs, etwas weiter von der Spitze des Rüssels entfernt als die Augen. Die Kinnladen sind mit Zähnen besezt, die von oben nach unten flach, oder ein wenig erhaben sind, dicht an einander sitzen, und eine Art Pflaster vorstellen.

Die Brustflossen haben eine große Ausdehnung; die erste Rückenflosse sitzt über den Bauchflossen, und die Schwanzflosse ist sehr kurz.

Hier folgen nun die vornehmsten Ausmessungen eines Sägefischs, den Commerson unmittelbar nach dem Tod desselben ausgemessen.

	Schuh.	Zoll.	Linien.
Länge von der Spitze des Rüssels an, bis zu den Zähnen des Schwerdts, welche dem Kopf am nächsten sind	—	7	6

bis

	Schuh.	Zoll.	Linien.
bis zum vordern Rand der Nasenlöcher	—	7	10
bis zur Mitte der Augen	—	8	6
bis zu den Luftlöchern	—	9	3
Länge bis zur ersten Kiemenöfnung	1	—	6
bis zur fünften Kiemenöfnung	1	1	8
bis zum vordern Rand der Basis der Brustflossen	1	—	6
bis zum Ursprung der Bauchflossen	1	7	10
bis zum After	1	11	—
bis zum Ursprung der ersten Rückenflosse	1	8	—
bis zum Ursprung der zweiten	2	3	—
bis zum Ursprung der Schwanzflosse	2	6	8
bis zur Spitze der Schwanzflosse, die am weitesten vom Kopf entfernt ist.	2	11	—
Breite des Kopfs bei der Mundöfnung	—	2	8

Breite

	Schuh.	Zoll.	Linien.
Breite des Körpers bei den Brustflossen, wo sie am stärksten ist	—	4	6
Breite desselben bei der zweiten Rückenflosse	—	1	3

Die alten und einige neuere Naturforscher haben den Sägefisch unter die säugenden Seethiere gesetzt, die man so oft mit den Fischen verwechselt, weil beide im Wasser leben. Dieser erste Irrthum hat dieselben Schriftsteller verleitet, mit dem Plinius zu behaupten, daß der Sägefisch dieselbe länge erreiche, die man den Wallfischen zuschreibt, daher denn geschrieben und wiederhohlt worden, daß er in den entferntern Meeren eine länge von zweihundert Ellen erreiche. Welcher Abstand zwischen dieser länge und derjenigen, die durch die Beobachtung der entwickeltsten und größten Sägefische gefunden worden!

Man hat wenig Sägefische gesehen, die über funfzehn Schuh lang waren. Da aber alle Hayen sehr starke Muskeln haben, und ein Sägefisch von funfzehn Schuh ein beinah

sechs

sechs Schuh langes Schwerdt hat, so ist nicht zu verwundern, daß die grösten derselben die gefährlichsten und stärksten Bewohner der See kühn angreifen und bekämpfen.

Der Sägefisch wagt sich sogar an den großen Wallfisch, (Mysticatus) und zwar mit einer Art unversöhnlicher Wuth, so sehr verläßt er sich auf sein langes und hartes Schwerdt. Alle Fischer, welche die nördlichen Meere besuchen, versichern, daß so oft dieser Hay einen Wallfisch begegnet, er ihm einen langen und hartnäckigen Kampf liefert. Umsonst versucht der Wallfisch ihn mit seinen Schwanz zu treffen, wovon ein einziger Schlag ihn tod hinstrecken würde, der Hay, der die Behendigkeit mit der Stärke verbindet, schnellt sich über das Wasser empor, weicht dem Schlag aus, fällt wieder auf dem Wallfisch herunter, und stößt ihm sein zackigtes Schwerdt in den Rücken. Der gereitzte Wallfisch verdoppelt seine Anstrengungen, aber oft stecken die Zähne des Schwerdts sehr tief in seinem Körper, und er verliert das leben mit seinem Blut, bevor er noch seinen Feind tödtlich verwunden kann, der sich seinen furchtbaren Schwanz durch schnelle Behendigkeit entzieht.

Mar=

Martens war Augenzeuge eines solchen Kampfs hinter Jütland, zwischen einem großen Sägefisch und dem sogenannten Nord-Kaper. Er wagte sich nicht dem Kampfplatz zu nähern, sah sie aber in der Entfernung kämpfen, springen, einander ausweichen, sich verfolgen, und mit solcher Gewalt auf einander stoßen, daß das Wasser hoch in die Höhe schlug, und in kleinen Tropfen wieder herunter fiel. Das schlimme Wetter verhinderte ihn, zu erfahren, wer den Sieg davon getragen hätte. Die Matrosen erzählten diesen Reisenden, daß sie dergleichen Kämpfe sehr oft sähen, und sich so lange auf der Seite hielten, bis der Wallfisch überwunden ist, weil der Sägefisch blos dessen Zunge frißt, und den Ueberrest des ungeheuren Thiers gleichsam den Seefahrern Preiß giebt.

Nicht allein in dem nördlichen Weltmeer jagt der Sägefisch dem Wallfisch nach, er bewohnt beide Halbkugeln, und wird beinah in allen Meeren gefunden. Besonders trift man ihn an den Küsten von Afrika an, woselbst die Form, Größe und Stärke seiner Waffen so sehr auf die Einbildungskraft verschiedener schwar-

schwarzer Völkerschaften gewirkt, daß sie ihn gleichsam vergöttert haben, und die kleinsten Stückchen seines zackigten Schwerdts als kostbare Fetische bewahren.

Zuweilen wird dieser Hay durch die Gewalt des Sturms gegen den Kiel eines Schiffs oder durch seine eigene Wuth gegen den Körper eines Wallfischs getrieben, und stößt sein Schwerdt mit solcher Gewalt hinein, daß es abbricht, und ein Theil desselben entweder in der Fütterung des Schifs, oder in dem Körper des Wallfischs stecken bleibt, während er sich mit seinem abgekürzten und stumpfen Schwerdt entfernt. Man bewahrt noch in dem Museum der Naturgeschichte ein beträchtliches Fragment von einem sehr großen Schwerdt eines Sägefischs, welches von dem Schiffskapitain Capellis eingesandt worden, und das man in der Seite eines Wallfischs stecken gefunden.

Der Meer-Engel *).

(Squale ange).

Unter allen bekannten Hayen hat der Meer-Engel die meisten Aehnlichkeiten mit den Rochen,

*) Créac de buse, bei Bordeaux.
Squaqua in mehrern Gegenden Italiens.
Squaja ebendaselbst.
Pesce angelo zu Genua.
The monk, or angelfish in England.
Chien de mer ange. Bonnaterre planches de l'Encyclopédie.

Id.

chen, besonders mit dem Engelrochen. Er hat nicht nur gleich leztern, keine Afterflossen, und

Id. Daubenton Encyclopédie methodique.

Id. Brouſſonnet Mem. de l'Acad. des Sciences 1780.

Squalus ſquatina. Linné ed. Gmelin.

Mus. ad. fr. 2. p. 40.. *

Squalus pinna ani carens, ore in apice capitis. Artedi gen. 67. ſyn. 95. n. 6.

Gronov. Mus. I. 137. Zooph. 151.

Bloch Geſch. der auslaend. Fiſche. 1 Th. 4. pl. 116.

Rhina ſive ſquatina autorum. Klein Miſſ. piſc. 3. p. 14. n. 1. tab. 2. fig. 5 & 6.

Ariſtot. hiſt. anim. lib. 2. cap. 15. lib. 5. cap. 5. 10. 11. lib. 9. cap. 37.

Squadro. Salvian Aquat. p. 151.

Squatina. Plinii hiſt. mundi. l. 9. c. 12. 24, 42, 51.

L'Ange. Rondelet Ire partie, liv. 12. ch. 20.

Geſſner Aquat. p. 899. 902. icon. anim. p. 39. 40. Thierbuch p. 165. b. 166.

Aldrovand. piſc. p. 472.

Jonſton piſc. p. 39. tab. 11. fig. 7.

Bellon. Aquat. p. 78.

und ist mit Luftlöchern versehen, sondern er nähert sich den Rochen noch durch die Form seines Schwanzes, durch die Breite seines Körpers, und durch die große Ausbreitung seiner Brustflossen.

Doch zeichnet er sich wieder von den Rochen durch ein sehr merkliches Kennzeichen aus, durch welches er sich vielmehr dem Barthay nähert, nemlich durch die Richtung der Oefnung seines Mundes, die statt unter der Schnauße zu sitzen, den vordern Rand derselben einnimmt. Diese Oefnung, welche im übrigen ziemlich groß ist, macht einen Theil des Um-

Squatina. Willoughby Ichthyol. p. 97. tab. D 3.

Raj. pisc. p. 26.

Angel-fish. Pennant Zoolog. britt. 3. p. 74. n. 1.

Oppian. l. 1. c. 15.

Charleton. p. 131.

Athen. l. 7. p. 317.

Squatine & Ange. Valmont Bomare Dictionnaire d'Histoire naturelle.

Umfangs des Kopfs aus, welcher rund, flach, und breiter als der Körper ist.

Die Kinnladen sind mit spitzigen, gebogenen Zähnen versehen, welche Reihen weiß stehen. Die Anzahl dieser Reihen vermehrt sich mit den Jahren des Thiers, und ist in der untern Kinnlade immer größer als in der obern.

Die Nasenlöcher sitzen, so wie der Mund, an dem vordern Rand des Kopfs, und die Haut die sie bedeckt, endigt sich mit zwei Bartfasern.

Die beiden Rückenflossen sitzen auf dem Schwanz, die Bauchflossen sind groß, und die Schwanzflosse ein wenig halbrund; die Brustflossen sind sehr ausgebreitet, und vorn ziemlich tief eingeschnitten. Ihre Ausbreitung und Form gab Gelegenheit dazu, daß man sie mit Flügeln verglich, so wie die Brustflossen der Rochen, und daß dieser Hay den Zunamen Engel bekam.

Er ist ferner mehrern andern Rochen durch die rückwärts gebogenen Stacheln ähnlich, die er um die Augen, die Nasenlöcher, auf den Brust- und Bauchflossen, auf dem Rücken und auf den Schwanz hat. Seine obere Farbe ist grau, die untere weißlicht, die Brustflossen sind zuweilen unten mit einem braunen Rand eingefaßt, und oben weiß, wodurch sie einen gewissen Glanz erhalten, und von der grauen Farbe des Rückens stark abstechen, welches vielleicht auch dazu beigetragen, sie als Flügel zu betrachten.

Der Meer-Engel bringt dreizehn Junge auf einmal zur Welt; die grösten dieser Hayen werden gewöhnlich sieben bis acht Schuh lang, aber ihr Appetit muß nicht so sehr heftig seyn, weil sie zuweilen truppweis ziehen, und sich gewöhnlich nur mit kleinen Fischen nähren. Der Meer Engel fängt leztere, indem er sich in dem Grund des Meers in den Schlamm versteckt, und seine Bartfasern hin und her bewegt, die von den kleinern Fischen für Würmer gehalten werden, und so werden sie gleichsam bis in seinen Rachen hineingelockt.

Er bewohnt das nördliche Weltmeer, so wie auch das Mittländische; an mehrern Küsten des letztern bedient man sich seiner Haut, um harte Körper zu poliren, wie auch Futterale, Degen und Säbelklingen damit zu überziehen.

Viertes Geschlecht.

Aodon.

(Zahnlose).

Keine Zähne in den Kinnladen, fünf Kiemenöfnungen auf jeder Seite des Körpers.

Gattungen.	Kennzeichen.
1. Aodon Massasa.	Sehr lange Brustflossen.
2. Aodon Kumal.	Kurze Brustflossen; vier Bartfasern bei der Oefnung des Mundes.
3. gehörnte Aodon.	Ein langes Anhängsel unter jedem Auge.

Aodon Maſſaſa *)

und

Aodon Kumal. **)

Diese beiden Gattungen wurden bisher unter die Hayen gezählt, wir glauben sie aber davon trennen zu müssen, weil sie sich durch ein so auf-

*) Squalus Maſſaſa. Forſkael faun. arab. p. 10. n. 17.
Id. Linné ed. Gmelin.
Chien de mer Maſſaſa. Bonnaterre planches de l'Encyclopédie.

**) Squalus Kumal. Forskael faun. arab. p. 10. n. 19.
Id. Linné ed. Gmelin.
Chien de mer Kumal. Bonnaterre planches de l'Encyclopédie.

auffallendes Kennzeichen, als der gänzliche Mangel aller Zähne ist, von ihnen unterscheiden, dagegen die Hayen mit sehr großen, starken, und zahlreichen Zähnen versehen sind.

Wir nehmen sie also als eine eigene Gattung an, die wir mit dem Namen Aodon (Zahnlos) bezeichnen, als welcher ihre Unähnlichkeit mit denjenigen Fischen anzeigt, zu denen sie bisher gerechnet worden sind.

Beide der Massasa und Kumal bewohnen das rothe Meer, und sind bisher nur durch sehr kurze Beschreibungen, welche Forskael davon geliefert, bekannt, so daß wir also zu dem, was wir in der methodischen Tabelle des Geschlechts, daß sie ausmachen, nichts weiter zuzusetzen haben.

Der

Der gehörnte Aodon *).

Wir rechnen gleichfalls zu dieser Gattung den zahnlosen Fisch, dessen Kopf Brünnich in seiner Fischgeschichte von Marseille beschrieben, und den er, so wie Bonnaterre unter die Hayen gerechnet hat.

Man kennt diesen Fisch blos noch durch Brünnich, der nur einen getrockneten Kopf von ihm, in der Sammlung der Akademie von Pisa gesehen hat. Allein die Kennzeichen, die man an diesem Kopf bemerkt, sind hinreichend,

*) Squalus edentulus. Brünnich. Ichthyol. Massiliens. p 6.
Chien de mer cornu. Bonnaterre planches de l'Encyclopédie.

das Thier nicht nur von den übrigen Aodons, sondern auch von allen andern Fischen zu unterscheiden, wovon man bisher eine Beschreibung oder Abbildung geliefert hat.

Dieser Kopf ist flach, und nach Brünnich drei Palmen breit, und an der Schnautze wie abgestumpft. Die beiden Kinnladen sind mit einem knochichten, einen Zoll breiten Reif besetzt. Dieser Reif ist in der untern Kinnlade glatt, in der obern aber, welche über die untere vorragt, höckerigt und uneben.

Die Augen sind groß, und ein wenig unter jedem derselben erhebt sich ein häutigtes Anhängsel, welches anderthalb Palmen lang, und die Form eines etwas gedrehten Horns hat.

Zweite Abtheilung.

Knorpelfische, welche eine Kiemenhaut ohne Kiemendeckel haben.

Sechste Ordnung

der allgemeinen Klasse der Fische,

oder

Zweite Ordnung

der zweiten Abtheilung der Knorpelfische *).

Kehlflosser, oder solche, die eine Flosse unter der Kehle haben.

Fünftes Geschlecht.
Seeteufel.

Eine große Anzahl spitziger Zähne; eine Kiemenöfnung auf jeder Seite des Körpers; die

*) Man kennt noch keine Gattung Fische, von denen man die erste Ordnung, oder eine Ordnung

die Brustflossen an einem Ellenbogen ähnlichen Gelenk sitzend.

Erstes Untergeschlecht.

Der Körper von oben nach unten zusammengedrückt.

Gattungen.	Kennzeichen.
1. Der Seeteufel. (Lophie Baudroie.)	Der Kopf sehr dick und rund.
2. Der Einhorn teufel. (Lophie vespertilion.)	Der Körper höckericht; die Schnautze spitz.
3. Seeteufel Faujas. (Lophie Faujas.)	Der Körper sehr platt gedrückt, stachlicht, und Scheibenförmig.

Zwei-

nung von Kahlbäuchen in der zweiten Ordnung der Knorpelfische, bilden könnte.

Zweites Untergeschlecht.

Der Körper nach der Seite zusammengedrückt.

Gattungen.	Kennzeichen.
4. Die Seekröte. (Lophie histrion.)	Eine lange Faser über der Oberlippe, die sich in zwei fleischichte Anhängsel endigt.
5. Der Händeschwimmer. (Lophie Chironecte.)	Eine lange Faser an der Oberlippe, die sich in eine kleine fleischichte Masse endigt; der Körper röthlich, mit einigen schwarzen Flekken.
6. Der Doppelhöker. (Lophie double bosse.)	Eine lange Faser an der Oberlippe, die sich in eine kleine fleischigte Masse endigt; der Körper schwarz und grau gefleckt.

Gattungen.	Kennzeichen.
7. Seeteufel Commerson.	Eine lange Faser an der Oberlippe, die sich in eine sehr kleine fleischichte Masse endigt; der Körper schwarz, und auf jeder Seite ein weisser Fleck.

Drittes Untergeschlecht.

Der Körper kegelförmig.

Gattungen.	Kennzeichen.
8. Seeteufel Ferguson.	Zwei Fasern über der Oberlippe; ekkichte Bukkeln an dem obern Theil des Kopfs.

Der

Der Seeteufel *).
(Lophie Baudroie).

Die bisher beschriebenen Fische haben weder Deckel, noch eine besondere Haut, mit der sie nach

*) Rana piscatrix.
Marino piscaton in Italien.
Martino piscaton ebendas.
Diavolo di mare ebendas.
Baudroi in mehrern südlichen Departementern. Desgleichen Pescheteau und Galanga.
Toadfish; frogfish; Sea-devil in England.
Baudroi (la grande). Daubenton Encyclopédie methodique.
Id. Bonnaterre planches de l'Encyclopédie.

Bau-

nach Belieben die Oefnung ihres Respirations-organs verschließen könnten.

Die

Baudroi; Camper Mem. des savans étrangere. 6. p. 177.

Baudroi. Dessins sur velin deposés á la Bibliotheque du Museum d'histoire naturelle.

Lophius piscatorius. Linné ed. Gmelin.

Id. Fauna suecica. p 298.

Müller prod. Zool. dan. p. 38. n. 321.

It. Scan. 327.

Mus. ad fr. 55.

Lophius ore cirroso. Artedi gen. 36. syn. 87.

Gronov. Mus. 1. p. 57. Zooph. p. 58.

Blochs Naturgesch. der Fische Deutschlands. 3te Theil 4. p. 82. pl. 87.

Lophius. Strom. sondm. 271.

Batrachus capite rutuque ranae. Klein Miss. pisc. 3. p. 15.

Batrachus altero pinnarum pare ad exortum caudae carens. Ibid.

Charleton Onom. 199.

Olear. Mus. 37. tab. 23. fig. 4.

Cicero de nat. Deorum. l. 2.

Bellon. Aquat. p. 85.

Rana marina. Jonston pisc. p. 36. tab. 11. fig. 8.

Rana

Die, welche die zweite Abtheilung der Knorpelfische ausmachen, deren Gewohnheiten und Formen wir nun beschreiben wollen, sind an diesem nemlichen Organ anders organisirt, und haben zwar keinen eigentlichen Deckel, sondern eine Haut, womit sie die Kiemenöfnungen verschließen können.

Das

Rana. Plinii hist. mundi. l. 9. c. 24.

Fishing-frog. Britt. Zool. 3. p. 93. 95. n. 1. 2. tab. 94.

Toad fish, frogfish, Scadevil. Willoughby Ichth. p. 85. tab. E. 1.

Galanga. Rondelet Ite partie, liv. 12. ch 19.

Id. Valmont Bomare Dict. d'Histoire naturelle.

Aristot. lib. 9. c. 37; lib. 2. c. 13; lib. 5. c. 5; de partibus animalium. lib. 4. c. 14.

Aelian. lib. 9. c. 24; et lib. 13. c. 1 & 2.

Athen. lib. 7. p. 286.

Oppian. l. 2. p. 33.

Salv. fol. 139. b. 140. 141.

Gessner. p. 813. 816.

Raj. p. 29.

Schonev. p. 59.

Rana piscatrix vulgaris. Aldrovand. l. 3. c. 64.

Das erste Geschlecht, welches wir in der methodischen Tabelle der vier Ordnungen, woraus diese Abtheilung besteht, antreffen, welche die mit einer Kiemenhaut ohne Deckel versehenen Fische enthält, sind die Seeteufel, (Lophies).

Der Name Lophie, Lophius kömmt von dem griechischen (λοφια) her, welches Flosse und Erhebung bedeutet, und die große Menge Erhöhungen, Vorragungen und Flossen anzeigt, die man wirklich auf dem Rücken aller dieser Fische bemerkt.

Wir werden dieses charakteristische Kennzeichen um so aufmerksamer betrachten, da wir es zum erstenmal vor uns sehen, die Seeteufel haben aber noch andere, die wir vorher betrachten müssen, worunter dasjenige oben ansteht, durch welches sie in die zweite Ordnung der zweiten Abtheilung gehören *), nemlich die Stellung der untern Flossen, die man bei allen Fischen mit den Füßen verglichen hat. Statt

*) Man sehe den Artikel über die Nomenklatur der Fische.

Statt daß diese Flossen, wie bei den verschiedenen Gattungen Rochen und Hayen nahe beim After sitzen, so sitzen sie vielmehr nahe bei der Oefnung des Mundes, und gleichsam unter der Kehle.

Sie stehen daher viel weiter vorn als die Brustflossen, die ohnehin weiter rückwärts sitzen als bei mehrern andern Fischen, daher auch der Irrthum mehrerer Naturforscher gekommen, welche die Kehlflossen für Brustflossen, und leztere für Bauchflossen gehalten.

Um aber das Charakteristische der Seeteufel noch deutlicher zu machen, wollen wir die merkwürdigste Gattung derselben beschreiben, der wir den allgemeinen Namen Seeteufel (Baudroie) beibehalten, und anzeigen, sowohl was sie besonders auszeichnet, als was sie mit den übrigen Thieren ihres Geschlechts gemein hat.

Die untern Flossen, die wie gesagt, unter der Kehle sitzen, wie bei allen übrigen Seeteufeln, sind kurz, stark, und bestehen aus Strahlen, welche beweglich genug sind, daß sich

der

der Fisch damit an dem Grund des Meers festhalten, oder gleichsam anklammern kann.

Dieser Strahlen sind fünf vorhanden, welche durch eine ziemlich schlappe Haut verbunden sind, daher man auch in diesen beiden Bauch- oder vielmehr Kehlflossen, eine Art Hand mit fünf unter einander verbundenen Fingern zu sehen geglaubt.

Andererseits sitzen die Brustflossen nicht unmittelbar an dem Körper des Thiers, sondern am Ende einer fleischichten Ellbogen ähnlichen Verlängerung, die man mit einem vorder und hinter Arm, oder mit einem Bein und einem Fuß verglichen hat. Aus diesem Grund hat man die Strahlen der Brustflossen für so viele Finger einer Hand, oder eines Fußes gehalten, und der Seeteufel selbst wurde als ein Seethier mit zwei Händen und zwei Füßen, oder vielmehr mit vier Händen betrachtet.

Man machte also ein vierhändigtes Thier daraus, und behauptete, daß er mitten in den Wellen die Affen, Paviane, und andere Erdthiere

thiere vorstelle, die gleichfalls den Namen der vierhändigten erhalten haben. Da nun die Einbildungskraft, wenn sie einmal die Gränzen einer gesunden Analogie überschritten, und ihren Schwung genommen hat, sehr leicht falsche Verhältnisse und Aehnlichkeiten erzeugt, so hat man bei dem Seeteufel sogar Menschenähnliche Züge zu finden geglaubt.

Vornemlich hat man dessen Kehlflossen in die Hände eines See-Menschen verwandelt; wirklich konnte auch die Form dieser Flossen, so wie auch die Gelenke woran die Brustflossen sitzen, einem aufmerksamen Naturforscher, so wie einem oberflächlichen Beobachter, irgend eine Aehnlichkeit mit der Bildung des Menschen darstellen.

Welcher Abstand zwischen dieser edlen Bildung, und denjenigen Bildern, welche der Anblick des Seeteufels erweckt! die monströse Verbindung des vollkommensten Wesens, so die Natur erschaffen, mit dem scheußlichsten welches ihr gleichsam entwischt ist, nur die stärkste Abneigung erzeugen, wenn man in dem Seeteufel eine Art, freilich sehr unvollkommener,

ner, aber doch noch etwas kenntlicher Kopie, von dem edelsten aller Wesen antrift; bei einem unmäßig dicken Kopf, und einem ungeheuren Frosch oder Krötenähnlichen Rachen.

Dieser ungeheure Kopf, woher der Seeteufel den Namen Meerfrosch erhalten, und der an einem Körper sitzt, der sich mit einem Schwanz endigt, und dem Ansehen nach mit Menschenähnlichen Händen und Füßen versehen ist; der ferner mit langen Hornähnlichen Fasern, und wurmförmigen Anhängseln umgeben ist, hat wahrscheinlich den großen Seeteufel, mit dem wir uns hier beschäftigen, zum Urbild jener lächerlichen Darstellungen von Dämonen und Gespenstern gemacht, mit welchen der fromme Leichtglaube, oder auch eine strafbare Arglist, so viele Jahrhunderte durch, die furchtsame und abergläubische Unwissenheit geschreckt haben. Zugleich kann diese Bildung zu den komischen Gemählden Anlaß gegeben haben, mit welchen die muntere Dichtkunst, sogar die strenge Philosophie erheitert hat.

Auch hat der Seeteufel bei wenig unterrichteten Beobachtern, die ihn zum erstenmal sahen, eine sonderbare Neugierde erregt, besonders wenn er zu seiner ganzen Entwicklung gelangt, und eine Länge von beinah sieben Schuh erreicht hat. Er erhielt daher den Namen Seeteufel, und seine sehr durchsichtig präparirte Haut, die inwendig mit einer brennenden Lampe erleuchtet wurde, hat mehrmalen schwache Köpfe an Geister-Erscheinungen glauben machen.

Der innere Mund ist mit einer Menge langer, hackichter und spitziger Zähne besezt, wie bei allen Seeteufeln. Man sieht deren nicht nur in der obern Kinnlade, wo sie drei Reihen bilden, und in der untern wo sie deren zwei ausmachen, wovon die hintersten sich rückwärts bringen können, sondern auch noch im Gaumen, und auf zwei sehr harten, langen Knorpeln, welche bei dem Schlund sitzen.

Die Zunge welche breit, kurz, und dick, ist gleichfalls mit dergleichen Zähnen besezt; und man kann diese Menge mehr oder minder gekrümmter Zähne, die Vertheilung derselben in dem Schlund, dem Gaumen, auf der Zunge und in den Kinnladen, und überhaupt die ganze Anordnung, die wir hier zum erstenmal schildern, um so leichter erkennen, da die Oefnung des Mundes sich von einer Seite des Kopfs bis zur andern erstreckt, und zwar beinahe an der Stelle, wo der Kopf am breitesten ist; und weil ferner dieser Kopf im Verhältniß gegen den übrigen Körper, über den er auf beiden Seiten hinausragt, sehr groß ist.

Diese übermäßige Größe des Queerdurchmessers des Kopfs gegen denjenigen des Körpers, macht in Verbindung mit der Rundung der Schnautze das besondere Kennzeichen des Seeteufels aus.

Die Oefnung des Mundes sitzt übrigens an dem vordern Theil der Schnautze, und folglich ragt die untere Kinnlade am weitesten vor.

Hinter der Oberlippe erblickt man die Nasenlöcher, welche hier eine eigene Bildung haben. Die Häute, woraus das Geruchsorgan oder der innere Theil der Nasenlöcher besteht, sind in einer Art Kelch mit enger Oefnung

nung eingeschlossen, der auf einer Gattung Stiel ruht. Der Geruchs-Nerve durchläuft den innern Theil dieses Stiels, um sich auf der Fläche der Häute, die in der Höhlung des Kelchs enthalten sind, zu entwickeln. Dieser Kelch, der ein wenig beweglich auf seinem Stiel ruht, kann sich nach Belieben des Thiers gegen die Geruchsströme richten, und den Eindruck der Gerüche auf das Organ des Thiers verstärken.

Das Gehör-Organ dieses Fisches hat mehr Aehnlichkeit mit denjenigen der knochichten Fische, als mit dem der Rochen und Hayen *). Die Höhlung, worin es enthalten, ist nicht von dem Gehirn durch eine knochichte Scheidewand unterschieden, wie bei den Hayen und Rochen, sondern durch eine bloße Haut. Ferner haben die drei halbrunden Kanäle, welche einen der Haupttheile dieses Organs ausmachen, mit einander Gemeinschaft, und da, wo sie einander berühren, sieht man ein besonderes Beinchen, daß man auch bei den Hecht findet, und welches Scarpa bei dem Aal, den

*) Abhandlung über die Natur der Fische.

Stockfisch und der Forelle gefunden, und bei allen knochichten Fischen vermuthet *).

An jeder Seite sitzt nur eine Kiemenöffnung; dies Kennzeichen, welches allen Seeteufeln gemein ist, gehört mit zu denen, wodurch sich das Geschlecht dieser Thiere von allen übrigen Fischen unterscheidet, wie man aus der methodischen Tabelle dieses Geschlechts ersehen haben wird. Auch hat man aus derselben Tabelle ersehen können, daß die Seeteufel keine Deckel haben, um ihre Kiemenöfnungen zu verschließen, sondern eine sogenannte Kiemenhaut.

Bei dem Seeteufel wird diese Haut durch sechs Strahlen unterstützt, mittelst welcher sie ausgebreitet und zusammengelegt werden kann, um die Mündung, wodurch das Seewasser bis zum Respirationsorgan dringt, entweder zu öfnen oder zu verschließen. Dieses Organ besteht auf jeder Seite blos in drei Kiemen, die in einer Haut sitzen, und dadurch mehr oder weniger an den Körper des Thiers befestigt wer-

*) Scarpas schon angeführtes Werk.

werden. Die Oefnung derselben sitzt sehr nah bei der Brustflosse, welche in gewissen Richtungen sogar verhindert, daß man sie genau sehen kann.

Die Augen sitzen auf dem obern Theil des Körpers, und nahe an einander, wodurch das Thier das Vermögen erhält, die Gegenstände, die über ihm weggehen, genau zu erkennen.

Zwischen den Augen erblickt man eine länglichte Reihe, die aus drei langen Fasern besteht, wovon der vorderste gewöhnlicher länger ist, als die andern, und die sich bis zu einer Höhe erstreckt, die wenigstens der Hälfte der größten Breite des Kopfs gleich ist, und sich mit einer ziemlich langen und breiten Haut endigt. Diese Haut theilt sich wieder in zwei Flügel, und man sieht eine zweite viel kleinere, ein wenig dreieckichte Haut an deren Basis, und auf ihrem hintern Theil eingewachsen. An den übrigen beiden Fasern bemerkt man längs ihrem Stengel einige Fäden.

Jenseits dieser drei sehr zarten Fasern sitzen zwei Rückenflossen, deren erstere eine weit kürzere Haut hat, als die daran befestigten Strahlen. Die Schwanzflosse ist so wie die Brustflossen *) stark abgerundet, die Afterflosse sitzt unter der zweiten Rückenflosse.

An den Seiten des Körpers, des Schwanzes und des Kopfs bemerkt man wurmförmige Bartfasern, und oben auf dem Kopf einige Buckeln oder Stacheln, vornemlich zwischen den Augen und der ersten Rückenflosse.

Die obere Farbe des Seeteufels ist braun, die untere weiß; die Schwanzflosse ist schwarz, so wie der Rand der Brustflossen.

Wir haben bereits gesagt, daß er eine Länge von sieben Schuh erreicht; Pontoppidan behauptet sogar, man habe welche von zwölf Schuh gefangen **). Indessen ist seine Haut an

*) Gewöhnlich hat die erste

Rückenflosse	=	=	=	3	Strahlen.
die zweite	=	=	=	11	
jede Brustflosse	=	=	=	24	
die Afterflosse	=	=	=	9	
die Schwanzflosse	=	=	=	8	

**) Pontoppidans Naturgesch. von Norwegen.

an manchen Stellen weich und schlaff; seine Muskeln scheinen schwach, und sein Schwanz, der weder sehr beweglich, noch sehr fein ist, kann nicht schnell genug bewegt werden, um seinen Bewegungen eine große Behendigkeit mitzutheilen.

Da er also in seinen Bedeckungshäuten keine Vertheidigungswaffen, in seinen Gliedern keine Kraft, und in seinem Schwimmen keine Schnelligkeit hat, so ist der Seeteufel seiner Größe ohnerachtet auf das Rettungsmittel derjenigen Thiere beschränkt, denen nur eine sehr beschränkte Gewalt zu Theil geworden. Er ist gewissermaßen gezwungen, sich der List zu bedienen, und seine ganze Jagd auf Nachstellung einzuschränken, zu welcher ihn seine Bildung sehr geschickt macht.

Er wühlt sich in den Schlamm, bedeckt sich mit Seepflanzen, und versteckt sich unter den Steinen oder vorragenden Felsen, hier harrt er geduldig, läßt seine Fasern umher wehen, und giebt ihnen diejenigen Bewegungen, wodurch sie den Würmern und andern Lockspeisen am ähnlichsten werden, und auf diese solche Art zieht er die Fische an, die über ihn schwimmen, und die er vermöge der Stellung seiner Augen sehr gut unterscheiden kann. Wenn nun seine Beute nahe genug bis zu seinem ungeheuren Rachen, der beinah immer offen steht, herunter gekommen, so fällt er darüber her, verschlingt sie mit seinen grossen Mund, worin sie durch eine Menge starker, und zackigter Zähne festgehalten und zermalmt wird.

Diese listige und standhafte Gewohnheit sich die Nahrung zu verschaffen, und die Fische gleichsam an der Angelruthe zu fangen, hat ihm den Zunamen der Fischer zugezogen. Eben daher rühren auch die Namen fischender Frosch, fischender Martin, (grenouille pecheuse) (Martino piscatore), indem man die Begriffe von seinen Gewohnheiten, mit denen die seine Bildung erweckt, vereinigte.

Diese Gattung ist nicht sehr fruchtbar, und wird in allen europäischen Meeren gefunden.

Der Einhornteufel *).

(Lophie vespertilion.)

Dieser unterscheidet sich von dem Seeteufel, durch den Kopf, der statt vorn rund zuzulaufen,

*) Lophius Vespertilio. Linné ed. Gmelin.
Baudroie chauve souris. Daubenton Encyclopédie methodique.
Id. Bonnaterre planches de l'Encyclopédie.
Blochs Naturgesch. der auslaend. Fische. Ir. Theil. 4. p 11. pl. 110.
Mus. ad. fr. 1. p. 55.
Lophius fronte unicorni. Artedi. syn. 88.
Gronov. Mus. 1. n. 129. Zooph. n. 209.
Ba-

fen, sich in eine lange, spitzige, kegelförmige Schnauze endigt, die man mit einem Pflug-Eisen verglichen hat.

Die Oefnung des Mundes ist im Verhältniß mit der Größe des Körpers sehr eng, und sizt statt an dem obern Theil des Kopfs, an dem untern, und zwar rückwärts unter der Schnauze, wodurch sich der Einhornteufel den Rochen und Hayen nähert.

Vor

Batrachus capite vomeris instar, cornuto. — Batrachus capite scuto osseo. Klein. Miss. pisc. 3. p. 16 et 17. n. 8. et 9.

Rana piscatrix americana. Seba Mus. 1. p. 118. tab. 74. fig. 2.

Guacucuja. Marcgr. Brasil. p. 143.

Raj. pisc. p. 30. n. 3. f. 1. 3.

Jonston pisc. p. 207. tab. 29. fig. 2.

American toad-fish. Willoughby Ichth. p 218. tab. E, 2, fig. 3.

Sea bat. Edw. Glamor. tab. 283. fig 1.

Guacucuja. Valmont Bomare Diction. d'Hist. naturelle.

Brown. Jamaic. p 457. tab. 48. fig. 3.

Vor dieser Oefnung stehen die Nasenlöcher, und neben denselben erhebt sich ein Anhängsel oder eine Faser von einer harten hornartigen Substanz, die sich in ein Knöpfchen endigt. Diese Verlängerung so wie die spitze Schnautze haben Gelegenheit zu den Namen kleines Einhorn, See-Einhorn, (petite licorne; licorne marine) gegeben, die man diesem Fisch beigelegt hat.

Kopf und Körper laufen bis zu den Brustflossen immer breiter zu, dort aber vermindert sich die Breite des Körpers plötzlich um die Hälfte, und von da nimmt sie bis zum Ende des Schwanzes immer nach und nach ab, so daß der Körper des Einhornteufels einen gleichschenklichten Triangel, mit etwas krummen Seitenlinien darstellt, in der Mitte der Basis desselben ein langer Kegel befestigt ist, der durch den After und den Schwanz des Thiers vorgestellt wird.

Die fleischichten Gelenke woran die Brustflossen sitzen, sind ziemlich lang, und so gebogen, daß sie wenigstens eher als bei den übrigen Seeteufeln mit einem Arm und einem

Vor-

Vorderarm, oder einem Bein und einem Fuß verglichen werden können *). Diese leztere Bildung, verbunden mit dem spitzigen Rüssel, dem unter dem Kopf sitzenden Mund, der großen Breite der Seiten, welche wie Flügel ausgedehnt sind, und der konische Schwanz, hat bei mehrern Beobachtern die Idee von einer Fledermaus erweckt, daher auch der Name Vespertilio kömmt, den man dem Thier beigelegt hat.

Die Zähne in den Kinnladen sind klein, hackicht, und stehen gewöhnlich in einer Reihe.

Die Oefnung der Kiemen ist ein wenig halbrund, und sizt auf jeder Seite bei dem fleischichten Gelenk, woran die Brustflosse befestigt ist.

Der

*) Die Rückenflosse hat gewöhnlich = = = 9 Strahlen.
die Brustflossen = = 10
die Bauchflossen = = 6
die Afterflosse = = 6
die abgerundete Schwanzflosse = = 11

Der ganze obere Theil des Einhornteufels ist mit einer großen Menge Muschelartiger Buckeln bedeckt, deren Oberfläche strahlenförmig ist, und sich in einen spitzigen Gipfel endigt, der untere Theil des Thiers ist mit kleinen Stacheln besezt, und die allgemeine Farbe desselben ist röthlich beinah an allen Theilen, ausgenommen die Schwanz- und Brustflossen, welche weislich sind, und die Rükken und Bauchflossen, welche braun sind.

Dieser Fisch wird am öftersten an den Küsten von Südamerika gefangen, sein Fleisch ist aber nicht gut zu essen. Er erreicht eine Länge von anderthalb Schuh, und seine Gewohnheiten sind denen des Seeteufels ähnlich.

Seeteufel Faujas.
(Lophie Faujas.)

Wir haben in dem Artikel von dem Thouin-Rochen die Ursachen angeführt, weswegen wir wünschten, daß die Dienste welche unser Kollege Faujas den Naturwissenschaften erwiesen, durch den Namen des Seeteufels im Andenken erhalten würden, den wir hier beschreiben wollen, und welcher zu der schönen Sammlung von Haag gehört, die den Naturforschern noch unbekannt ist.

Die Bildung dieses Seeteufels ist sehr merkwürdig. Sein Körper ist von oben nach unten zu flach, und zwar noch flächer als derjenige des Seeteufels und des Einhornteu-

fels,

fels, so daß wenn man den Schwanz und die Brustflossen wegschnittte, er eine vollkommene Scheibe darstellen würde.

Die Oefnung des Mundes sizt ein wenig unter dem vordern Theil des Kopfs. Ueber der Schnautze und beinah an ihrer Spitze, sieht man eine kleine Höhlung, in deren Mitte sich ein rundes Knöpfchen erhebt. Dicht bei dieser Höhlung stehen die Nasenlöcher, deren jedes zwei Oefnungen hat, wovon die vordere enger ist, und am Ende einer kleinen Röhre sizt.

Die Augen sind nicht dick, stehen ziemlich nahe beisammen, und bilden mit den beiden Nasenlöchern beinah ein Viereck.

Die Kiemenöfnungen sitzen an dem Körper, näher an dem Ursprung des Schwanzes, als beinah bei allen übrigen Seeteufeln, ohnerachtet sie bei diesen Fischen überhaupt sehr weit von der Schnautze entfernt sind. Der Kanal der von diesen Oefnungen bis in die Höhlung des Munds geht, muß folglich ziemlich lang seyn; wir konnten aber keine genaue Ausmessung

sung davon nehmen, weil wir den einzigen Fisch dieser Art, der aus Holland gebracht worden, und sehr ganz war, der anatomischen Untersuchung nicht aufopfern wollten.

Die Kiemenhaut hat fünf Strahlen.

Die untern oder Kehlflossen sitzen an fleischichten Gelenken, die aus fünf an ihrem Ende zertheilten Strahlen bestehen, und Händen oder wenigstens Pfoten ziemlich ähnlich sind, aber weiter rückwärts sitzen, als bei dem See- und dem Einhornteufel. Sie sitzen gegen die Mitte des untern Theils der Scheibe, und ohngefähr gleich weit von der Oefnung des Mundes und den Brustflossen entfernt.

letztere sitzen sehr nahe an dem After, und folglich fast eben so nah bei den Kiemenöfnungen, wie bei den meisten andern Seeteufeln. Unter dem Thier erblickt man die fleischichten Gelenke, an denen sie befestigt sind.

Der After sitzt an der Stelle, wo der Schwanz den eigentlichen Körper berührt. Der Schwanz gleicht einem unten flachen Kegel,

gel, dessen Länge kaum der Hälfte des Durchmessers des Körpers gleichkömmt. Er endigt sich mit einer runden Flosse, und über seiner Wurzel erblickt man eine kleine Rückenflosse, und gegen die Mitte seiner untern Fläche eine Afterflosse *).

Der ganze obere Theil des Körpers und Schwanzes ist mit kleinen Knötchen und Stacheln besäet, deren Wurzel sich in mehrere Zweige theilt. Außer diesen Knötchen und Stacheln sieht man auf dem Umfang der untern Körperfläche zwei bis drei Reihen einer Art Brustwarzen mit Fasern besezt, welche leztere an der äußeren Reihe noch merklicher sind. Aehnliche Erhöhungen zeigen sich längs der Unterlippe.

Wir

*) In jeder Brustflosse findet
man = = = 12 Strahlen.
in der Rückenflosse = = 5
in der Afterflosse = = 5
in der Schwanzflosse = 7

Wir haben geglaubt, diese besondere Gattung Seeteufel, etwas genau beschreiben zu müssen, und fügen überdies die Abbildung von oben und unten her gesehen, bei. Das Original derselben, welches wir hier beschrieben, war vier Zoll lang.

Die Seekröte *).

(Lophie histrion.)

Dieser Fisch hat, so wie alle andern seines Untergeschlechts einen sehr an den Seiten zu=

 sam=

*) Baudroi tachée. Daubenton Encyclopédie methodiqué.

Lophius histrio. Linné ed. Gmelin.

Baudroi tachée. Bonnaterre planches de l'Encyclopédie.

Lophius compressus. Van Brain Houkgreſt. Act. harl. 15.

Bloch Naturgeſch. auslaend. Fiſche. 1r Th. p. 13. pl. 111.

Lophius pinnis dorſalibus tribus. Lagerſti Chin. 21.

Lophius tumidus. Oſbek. It. 305.

Gro=

sammengedrückten Körper, statt daß die drei vorigen von oben nach unten zu flach sind.

Der Kopf ist klein, die untere Kinnlade ragt über die obere vor, und beide sind mit sehr feinen Zähnen besezt. Die Lippen sind mit Fasern versehen, und unmittelbar hinter der Mundöfnung sieht man eine Verlängerung, oder knorpelicht elastische Faser, an welcher zwei lange fleischichte Anhängsel hängen. Hinter dieser

Gronov. Zooph. 210.

Batrachus &c. Klein Miss. pisc. 3. p. 16. n. 37. tab. 3. fig. 4.

Rana piscatrix minima. Plumier Dessins sur velin, deposés dans la Bibliothèque du Museum d'histoire naturelle.

Mus. ad fr. 1. p. 56.

It. Wgoth. 137. tab. 3. fig 5.

Guapowa. Marcgr. Brasil. 150.

Willoughby Ichthyol. p. 50. Tab. E. 2. fig. 2.

Rana piscatrix americana. Seba Mus. 1. p. 118. n. 3. 7. tab. 54. fig. 3. 7.

Piscis brasiliensis cornutus. Petio. Gazoph. tab. 20. fig. 6.

American toad-fish. Ray pisc. p. 29. n. 2.

dieser Faser erscheinen zwei andere fleischichte Erhöhungen, die etwas hoch, kegelförmig, und mit Fasern besezt sind, und wovon die hintern stärker und höher ist. Darauf folgt eine Rückenflosse.

Die Brust- und Kehlflossen sind ohngefähr eben so, wie bei den übrigen Seeteufeln gebildet, aber die Kehlflossen haben etwas mehr Aehnlichkeit, mit einer Menschenhand, oder vielmehr mit dem Fuß eines vierfüßigen Thiers. In den beiden Respirationsorganen zählt man vier Kiemenöfnungen. Der Körper ist an vielen Stellen mit kleinen krummen Stacheln und kurzen Fasern besezt; unten ist er braun, oben aber goldfarbig, mit unregelmäßigen braunen Streifen, Bändern und Flecken besezt *).

Die Gewohnheiten dieses Fischs kommen mit denen des Seeteufels überein. Er erhielt seinen

*) In der Rückenflosse findet
man gewöhnlich : : 12 Strahlen.
in jeder Brustflosse : : 11
in jeder Kehlflosse : : 5
in jeder Afterflosse : : 7
in der runden Schwanzflosse 10

seinen Namen von den schnellen und mannigfaltigen Bewegungen die er seinen Flossen und Fasern geben kann, und die man mit komischen Gebehrden verglich. Ueberdies scheint er diesen Namen auch daher zu verdienen, weil er das Vermögen besizt den größern Theil seines untern Körpers auszudehnen und aufzublasen, welches er sehr oft thut, und auf diese Art seinen Körper schnell rund macht, und plözlich seine Figur verändert.

Wir haben bereits in der Abhandlung über die Natur der Fische von diesem Vermögen gehandelt, welches wir noch bei mehrern Fischen in größern oder geringern Grad finden, und mit vorzüglicher Aufmerksamkeit aufs neue untersuchen werden, wenn wir von dem Geschlecht der Stachelbäuche handeln.

Die Seekröte bewohnt das Brasilianische und das Chinesische Meer, und erreicht eine Länge von neun bis zehn Zollen.

Wir haben in Commersons Manuskripten die Beschreibung eines Seeteufels gefunfunden *), dessen Abbildung wir nach einer Zeichnung dieses berühmten Reisenden stechen lassen. Dieser Fisch hat so große Aehnlichkeiten mit der Seekröte, daß wir sie beide zu einer Gattung gerechnet haben. Der einzige Unterschied der zwischen ihnen statt findet, kann, wenn er auch bleibend ist, nur eine Verschiedenheit des Alters, des Geschlechts oder des Landes deuten.

Die elastische Faser die sich hinter der Mundöfnung erhebt, trägt statt einem fleischichten Anhängsel, welches blos in zwei Theile getheilt ist, eines mit dreien, wovon die beiden äußern die dicksten sind **). Commerson fand diesen Fisch an den östlichen Küsten von Afrika; seine Länge betrug gegen fünf Zoll, und die Breite ohngefähr zwei Zoll.

*) Attennarius attenna tricorni. Commerson Manuscript deposés dans la Museum d'histoire naturelle.

**) Man kann an der Abbildung, welche treulich nach Commerson Zeichnung kopirt werden sollte, die kleinen Fasern und kurz gekrümmten Stacheln nicht unterscheiden, die man

man auf dem Kopf und Körper der Seekröte bemerkt. Aber diese Fasern und Stacheln sind in dem Theil von Commersons Text beschrieben, wo er von seinen antennarius antenna tricorni spricht.

Der

Der Händeschwimmer *) und Der Doppelhöcker **).
(Lophie chironecte &. Lophie doubles Bosse.)

Wir bringen hier dasjenige unter einen Artikel, was wir über diese beiden Seeteufel zu sagen haben, von welchen noch keine Beschreibung erschienen ist, und deren Kenntniß wir Commerson verdanken, der in seinen Manuskripten von ihnen Meldung gethan.

Die

*) Antennarius chironectes, obscure rubens, maculis nigris raris inspersus. Commersons angeführte Manuscripte.

**) Antennarius bigibbus, nigro et griseo variegatus. Ibidem.

Die erste dieser beiden Gattungen, welcher der angeführte Reisende den griechischen Namen Chironecte, d. h. mit den Händen schwimmend, oder dessen Flossen wie Hände gebildet sind, beigelegt, hat so wie die Seekröte einen auf den Seiten zusammen gedrückten Körper.

Die Faser hinter der Oefnung des Mundes ist aber weit feiner und länger als bei der Seekröte, und statt ein fleischichtes Anhängsel zu tragen, welches in zwei bis drei Lappen abgetheilt ist, sizt ein kleines Knöpfchen, oder eine kleine Masse darauf, welche derjenigen vollkommen ähnlich ist, die man auf den Fühlhörnern mehrerer Insekten sieht.

Statt der beiden fleischichten und fadichten Verlängerungen, welche bei der Seekröte hinter der elastischen Faser sitzen, sieht man an dem Händeschwimmer zwei Höcker ohne Fasern, wovon der hintere der gröste und höchste ist.

Die gewöhnlichste Farbe des Thiers ist dunkelroth, hin und wieder mit schwarzen Flecken besezt; man findet eine Abbildung davon,

nach

nach Commersons Zeichnung, auf derselben Tafel, wo die Seekröte abgebildet ist *).

Der Doppelhöcker ist schwarz und grau gesprengt; und dies ist die einzige Unähnlichkeit, wodurch er sich von dem Händeschwimmer unterscheidet, und welche in Commersons Manuskripten angegeben ist, der übrigens keine Abbildung davon hinterlassen. Er war aber ein zu geschickter Naturforscher, und hat zu bestimmt gesagt, daß der Doppelhöcker eine von dem Händeschwimmer und den übrigen Seeteufeln verschiedene Gattung sey, als daß wir nicht beide hätten trennen sollen.

*) Die Rückenflosse hat			14 Strahlen.
jede Brustflosse	=	=	8
jede Kehlflosse	=	=	5 bis 6.
die Afterflosse	=	=	7
die runde Schwanzflosse	=	=	10 oder 11.

See-

Seeteufel Commerson *).

(Lophie Commerson).

Dieser Fisch ist von Commerson in denselben Gewässern mit den beiden vorigen gesehen worden. Er hat ihn genau beschrieben, und wir haben ihm seinen Namen beigelegt.

Seine Farbe ist schwarz ohne alle Beimischung, nur bemerkt man auf jeder Seite einen kleinen, runden sehr weißen Fleck; einen andern

*) Antennarius bivertex, totus ater, puncto mediorum laterum albo. Commersons angeführtes Manuscript.

andern weniger bemerkbaren sieht man an dem obern Rand der Schwanzflosse, und die Ränder der Kehl- und Brustflossen sind etwas heller, und zwar so gefärbt, daß sie die Nägel an Händen und Füßen nachahmen, welche durch diese Brust- und Kehlflossen vorgestellt werden.

Der Commerson hat übrigens in seiner Bildung viele Aehnlichkeit mit dem Händeschwimmer und dem Doppelhöker, ohnerachtet er kleiner ist, als ersterer. Einige besondere Züge wollen wir hier anmerken.

Der auf den Seiten zusammengedrückte Körper ist so wie der beinah aller Seeteufel, besonders der beiden leztern, mit einer dicken, körnichten und rauhen Haut bedeckt.

Die Oefnung des Mundes sitzt an dem Ende und etwas oberhalb der Schnautze. Die obere Kinnlade, deren Lippe sich nach dem Willen des Thiers verlängern oder verkürzen kann, stellt eine halbrunde Oefnung vor, welche Commerson mit der Mündung eines kleinen Ofens vergleicht, und die durch das Aufheben

der

der untern Kinnlade verschlossen wird. Beide Kinnladen sind mit dünnen und dichtsitzenden Zähnen besetzt, und man sieht dergleichen auf der Zunge, am Gaumen, und an zwei kleinen Körpern, die nahe beim Schlund sitzen.

Hinter der Oefnung des Rachens erblickt man zwei Höcker, wovon der hintere größer als der vordere ist, wie bei dem Händeschwimmer; der zweite ist aber verhältnißmäßig dicker und runder als bei dem letztern, und ohnerachtet er gegen den Schwanz zu hängt, so bildet er doch keine Krümmung oder Haken, wie der zweite Höker des Händeschwimmers.

Die sehr lange und zarte Faser, die vor diesen beiden Hökern hängt, ist von Commerson mit dem Namen Fühlhorn (antenne) belegt worden, weil er sie den Fühlhörnern einer Menge Tag Papillons gleich fand. Sie ist auch wirklich wie letztere, und wie die Faser des Händeschwimmers mit einem kleinen Knötchen versehen.

Die Kiemen sind sehr klein, werden durch eine Haut unterstützt, und auf jeder Seite

sitzen

sitzen drei. Hinter jeder Brustflosse muß man eine der beiden runden und kaum sichtbaren Oefnungen suchen, durch welche das Wasser zu diesen Organen durchdringen kann. Untersucht man die Haut genauer, welche auf jeder Seite die Kiemenöfnung verschließt, so zeigt sich, daß sie von fünf Strahlen unterstützt wird.

Commerson schreibt, daß die Kehlflossen, die er Bauchflossen nennt, an die Vorderpfoten des Maulwurfs erinnern.

Die letzten Strahlen der Rückenflosse sind kürzer, als die ihnen zunächst liegenden, statt daß sie bei dem Händeschwimmer länger sind *).

Dieser Fisch ist von Commerson zergliedert worden, welcher gefunden, daß der Magen sehr groß, das Darmfell schwärzlich, und die Luftblase sehr weiß, eiförmig, und an dem Rücken befestigt ist.

*) In der Rückenflosse sind			13 Strahlen.
in jeder Brustflosse	-	-	10
in jeder Kehlflosse	-	-	6
in der Afterflosse	-	-	7
in der Schwanzflosse	-	-	9 bis 10.

Seeteufel Ferguson *).

(Lophie ferguson).

James Ferguson **) hat diese große Gattung Seeteufel zuerst bekannt gemacht, wovon einer der vier Schuh, neun Zoll länge hatte, im Jahr 1763 auf der Rhede von Bristol gefangen worden.

Der Körper ist nicht von oben nach unten, oder von den Seiten zusammengedrückt, sondern gewissermaßen cylindrisch, und spitzt sich ein wenig kegelförmig zu.

Die

*) Baudroie á cinq doigte. Bonnaterre planches de l'Encyclopédie.

**) Transact. philos. vol. 53. pl. 13.

Die Mundöfnung sizt an der Spitze der Schnautze, statt an dem obern Theil des Kopfs, wie bei dem Seeteufel, und man sieht drei Reihen spitziger Zähne. Oben auf dem Kopf bemerkt man schwärzliche und spitzige Buckeln, und hinter der Oberlippe sitzen zwei harte, elastische, sehr lange Fasern hintereinander, die aber an ihrem Ende kein Anhängsel haben.

Man hat die Strahlen der Kehlflossen so abgebildet *), als wenn sie sich mit einem Nagel endigten; dies ist aber unrichtig. Die Hauptfarbe des Ferguson ist dunkelbraun, mit schwarzen Stellen **).

*) Das Kupfer in dem angeführten Band der Transact. philos.

**) Die Kehlflossen haben jede . . . 5 Strahlen.
jede Brustflosse hat . . 8
die einzige Rückenflosse . 10
die Afterflosse . . . 14
die Schwanzflosse . . 10

Siebente Ordnung
der allgemeinen Klasse der Fische,

oder

Dritte Ordnung
der zweiten Abtheilung der Knorpelfische.

Brustflosser; Fische welche eine oder zwei Flossen unter dem Körper, unterhalb oder beinah unter den Brustflossen haben.

Sechstes Geschlecht.
Hornfische.

Kopf und Körper von beiden Seiten zusammengedrückt; wenigstens acht Zähne in jeder Kinnlade; die Kiemenöfnung sehr eng; die Stacheln welche die Haut bedecken, mit einer starken Haut verbunden.

Er-

Erstes Untergeschlecht.

Mehr als einen Strahl in der untern oder Brustflosse, und in der ersten Rückenflosse.

Gattungen.	Kennzeichen.
1. Das alte Weib. (Balifte vieille.)	Zwölf und mehr Strahlen, in der sogenannten Bauchflosse; keine Stacheln an der Seite des Schwanzes.
2. Der Sternhornfisch. (Balifte étoilé.)	Sehr kleine Flekken auf dem obern Theil des Körpers; acht oder zehn Strahlen, mit einer starken Haut verbunden, an der sogenannten Bauchflosse; keine Stacheln an der Seite des Schwanzes.

 3. Die

Gattungen.	Kennzeichen.
3. Die Schärpe. (Balifte écharpe.)	Einen breiten schwarzen Streif, der von den Augen schief bis zu der Afterflosse läuft; acht oder zehn Strahlen, mit einer dikken Haut verbunden in der sogenannten Bauchflosse; vier Reihen Stacheln an der Seite des Schwanzes.
4. Der zweistachlichte Hornfisch. (Balifte double-aiguillon).	Vier Strahlen in der ersten Rükkenflosse; zwei große in der Brustflosse.

Zweites Untergeschlecht.

Mehr als ein Strahl in der untern oder Brustflosse; einen Strahl in der ersten Rückenflosse.

Gattungen.	Kennzeichen.
5. Der Chinesische Hornfisch. (Baliste chinois.)	Zwölf oder mehr Strahlen in der sogenannten Bauchflosse.

Drittes Untergeschlecht.

Einen Strahl in der untern oder Brustflosse; mehr als einen in der ersten Rückenflosse.

Gattungen.	Kennzeichen.
6. Der kleine Einhornfisch. (Baliste velu.)	Zwei Strahlen in der ersten Rükkenflosse; dreißig in der zweiten. Der Schwanz mit Stacheln besetzt.

7. Der

Gattungen.	Kennzeichen.
7. Der Pokenrükken. (Baliſte mamelonné.)	Zwei Strahlen in der erſten Rükkenfloſſe; der Körper mit ſtarken Warzen beſezt.
8. Der gefleckte Hornfiſch. (Baliſte tacheté.)	Zwei Strahlen in der erſten Rükkenfloſſe; eine Menge Flekken auf dem ganzen Körper.
9. Der Praslin. (Baliſte Praslin.)	Zwei Strahlen in der erſten Rükkenfloſſe; fünf und zwanzig in der zweiten; der Kopf ſehr groß, drei oder vier Reihen Stacheln auf jeder Seite des Schwanzes; mehrere Streifen auf dem vordern Körper; auf jeder Seite einen großen ſchwarzen Fleck.

Gattungen.	Kennzeichen.
10. Kleins Hornfisch. Baliste Kleinien.	Zwei Strahlen in der ersten Rükkenflosse; die Schnauze vorragend; die Oefnung des Mundes sehr klein, und mit Fasern besezt; wenigstens fünf und vierzig Strahlen in der zweiten Rükken und der Afterflosse.
11. Der Kurassaische Hornfisch. (Baliste Curassavien.)	Zwei Strahlen in der ersten Rükkenflosse; die Schnauze rund; die Schwanzflosse in eine gerade Linie ausgehend.

Gattungen.	Kennzeichen.
12. Der Stachelschwanz. (Baliste épineux.)	Drei Strahlen in der ersten Rükkenflosse; zwei bis sechs Reihen Stacheln auf jeder Seite des Schwanzes; der Strahl der Bauchflosse stark gezahnt, und vor einer Reihe Stacheln sitzend.
13. Der Nasenrümpfer. (Baliste silonné.)	Drei Strahlen in der ersten Rükkenflosse; der Schwanz gefurcht; die Schwanzflosse halbmondförmig.

Gattungen.	Kennzeichen.
14. Der Stachelschweinfisch. (Baliste caprisque.)	Drei Strahlen in der ersten Rükkenflosse; keine große Stacheln bei dem Strahl der Bauchflosse; die Schwanzflosse rund, der Körper mit mannigfaltigen und glänzenden Farben geziert.
15. Der Gabelschwanz. (Baliste queue fourchae.)	Drei Strahlen in der ersten Rükkenflosse; Flekken auf der zweiten; die Schwanzflosse gabelförmig.

Gattungen.	Kennzeichen.
16. Der Beutel-Hornfisch. (Balifte Bourfe.)	Drei Strahlen in der ersten Rükkenflosse; die Schwanzflosse in einer geraden Linie ausgehend; ein schwarzer halbmondförmiger Fleck zwischen den Augen und den Brustflossen.
17. Der Amerikanische Hornfisch. (Balifte américain.)	Drei Strahlen in der ersten Rükkenflosse; die Schwanzflosse rund, große weiße Flekken auf dem untern Theil des Körpers.

Gattungen.	Kennzeichen.
18. Der grünlichte Hornfisch. (Baliste verdatre.)	Drei Strahlen in der ersten Rükkenflosse; vier Reihen Stacheln auf jeder Seite des Schwanzes, dessen Flosse leicht gerundet ist, kleine schwarze Flekken auf dem Körper.
19. Grosfleckichter Hornfisch. (Baliste grande tache.)	Drei Strahlen in der ersten Rükkenflosse; sechs Reihen Warzen auf jeder Seite des Kopfs; der Schwanz ohne Stacheln; die Schwanzflosse halbmondförmig; einen großen weißen Fleck auf jeder Seite des Körpers.

20.

Gattungen.	Kennzeichen.
20. Der schwarze Hornfisch. (Baliste noir.)	Drei Strahlen in der ersten Rükkenflosse; mehr als dreißig in der zweiten, und der Afterflosse; die Schwanzflosse halbmondförmig; keine Stacheln auf dem Schwanz; der ganze Körper schwarz.
21. Der gezäumte Hornfisch. (Baliste bridé.)	Drei Strahlen in der ersten Rükkenflosse; die Schwanzflosse halbmondförmig; keine Stacheln auf dem Schwanz; einen Ring von heller Farbe um die Schnauze; einen halben Ring derselben Farbe unter der Oefnung des Mundes, und auf jeder Seite einen in die Länge laufenden Streif.

Gattungen.	Kennzeichen.
22. Der bewafnete Hornfisch. (Baſtille armé.)	Drei Strahlen in der ersten Rükkenflosse; die Schwanzflosse ein wenig halbmondförmig, und mit weissem Rand; sechs Reihen Stacheln an jeder Seite des Schwanzes.
23. Der graue Hornfisch. (Baliſte cendré,)	Vier Strahlen in der ersten Rükkenflosse; drei blaue, schmale und gekrümmte Streifen auf dem Schwanz.
24. Hornfisch Assasi. (Baliſte Aſſaſi.)	Mehrere Reihen Warzen auf dem Körper, und drei Reihen auf dem Schwanz.

Viertes Untergeschlecht.

Einen einzigen Stachel in der untern oder Brustflosse, und in der ersten Rückenflosse.

Gattungen.	Kennzeichen.
25. Der Einhornfisch. (Baliste Monocéros.)	Ohngefähr funfzig Strahlen in der Afterflosse.
26. Die Saubürste. (Baliste hérissé.)	Höchstens einige dreißig Strahlen in der Afterflosse; hundert kleine Stacheln an jeder Seite des Schwanzes.

Das

Das alte Weib *).

(Baliste vieille).

Wir haben in der zahlreichen Familie der Hayen und Rochen, Größe, Stärke, furchtbare

*) Bowske auf Martinique.
Old wife in England.
Baliste vieille. Daubenton Encyclopédie methodique.
Id. Bonnaterre planches de l'Encyclopédie.
Balistes vetula. Linné ed. Gmelin.
Balistes aculeis dorsi tribus, cauda bifurca. Artedi gen. 53. syn. 82.
Balistes vetula. Osb. It. 294.
Bloch Naturg. der auslaend. Fische 2r Theil. c. 22. pl. 150.
Gronov. Zooph. n. 195.
Brown

bare Waffen, Schnelligkeit der Bewegungen, und alle Attributen der Macht vereinigt gesehen. Bei den Seeteufeln sahen wir die Hülfsquellen der List, welche die Macht ersetzt. Alle diese Kunstgriffe eines ziemlich verfeinerten Instinkts, und diese fürchterlichen Waffen ungeheurer Gattungen, sahen wir sowohl zum Angriff zahlreicher Feinde, als auch zum Er-

ha-

Brown Jamaic. p. 456. n. 1.

Turdus oculo radiato. Catesby Carol. 2. p. 22. tab. 22.

Seba mus. 3. p. 62. n. 14. tab. 24. fig. 14.

Capriſcus, extrema cauda & pina dorſali in tenuiſſima & longiſſima fila productis et capriſcus rubro iride etc.

Klein Miſſ. piſc. 3. p. 25. n. 4 et 11.

Guaperva peiſce - porco. Marcgr. Braſil. p. 161.

Piſc. Ind. p. 57.

Jonſton piſc. p. 188. tab. 34. fig. 2.

Guaperva maxime caudata. Willoughby Ichth. app. p. 21. tab. I. 23.

Raj. piſc. p. 49. n. 4.

Sultan ternate. Valcut. Ind. 3. p. 410. n. 202. f. 202.

File-fish. Grew. Mus. p. 113.

Capriſcus variegatus, cauda fuscinulata. Plumier Deſſins ſur velin.

haschen einer reichen Beute, und zur Besiegung heftigen Widerstands angewandt.

An dem gegenwärtigen Geschlecht der Hornfische werden wir vielfältige Mittel der Vertheidigung finden, dagegen aber bei dieser ruhigen Familie vergeblich jene innere Bildung suchen, welche zum Angriff gefährlicher Feinde antreibt, und die äussere Bildung, welche den guten Erfolg sichert.

Indem die Natur die See mit den Hayen und Seeteufeln bevölkert, verbreitete sie darin verborgene Schrecknisse, und offenbare, öfters unvermeidliche Gefahren; man sollte beinah glauben, daß sie ihren schatten den Hauch zurückgehalten, und gleichsam durch eine Rückwirkung auf sich selbst, bei Hervorbringung der Hayen und Seeteufel die Zerstörung zum Zweck hatte.

Wenn wir aber mitten in denselben Meeren die Hornfische erblicken, so scheint sie mehr als jemals ihre belebende Kraft zu äussern, und sie blos zur Erhaltung anzuwenden. Es sind keine wilden Thiere, die sie zum Kampf ausgerüstet, sondern ruhige Wesen, die sie zu ihrer Sicherheit bewafnet hat.

Wenden wir daher unsere Blicke von den Geschlechtern, die wir durchgegangen, weg, und achten nicht ferner auf ihre heimlichen Nachstellungen und offenbaren Angriffe, entziehen wir unsere Blicke den Menschenfressern und andern großen gefräßigen Hayen, so sehen wir die See nicht mehr mit dem Blut der zahlreichen Schlachtopfer gefärbt, keine lebenden und unersättlichen Abgründe mehr, welche jeden Augenblick eine neue Beute verschlingen.

Bei dem Geschlecht der Hornfische hingegen, welches von der Natur so gütig behandelt worden, indem es bestimmt scheint, weder beleidigt zu werden, noch zu beleidigen, und keine Furcht weder zu kennen, noch einzuflößen, empfinden wir eine gewisse Neigung, die jener Empfindung gleicht, der sich diejenigen so gern überlassen, welche bei Lesung der Geschichte der Menschheit mit den sanften Betrachtungen der Zeitpunkte der Tugend und des Glücks ihr Herz über den Anblick der Zeiten des Elends und des Verbrechens beruhigen.

Der Kontrast, den man zwischen den bisher untersuchten, und dem gegenwärtigen Geschlecht bemerkt, ist um so auffallender, und die Empfindung, die er erregt, wird um so lebhafter, da bei Betrachtung dieser intressanten Familie der Hornfische, weder Auge noch Geist beleidigt werden. Ob sie gleich den Kampf nicht suchen, so fliehen sie nicht feig, selbst vor überlegenen Feinden, sondern vertheidigen sich muthig, bedienen sich aller ihrer Gewandtheit sehr geschickt, und sind von der Natur mit dem schönsten Schmuck beschenkt worden. Wir werden bei Beschreibung der verschiedenen Gattungen zeigen, daß sie die lebhaftesten, angenehmsten, und am besten abstechenden Farben vereinigen. Beobachtet man die schönsten dieser Art, so sollte man denken, daß die Eintheilung, Abweichung und Entgegensetzung ihrer Farben, sehr oft dem feinen Geschmack zum Muster dienten, der für die Schönheit den Schmuck bereitet, der ihre Reitze am meisten erhöhen kann.

Man darf aber über diese Pracht, welche die Natur an den Hornfischen verschwendet, nicht erstaunen, denn sie bewohnen die wärmsten Gegenden. Eine einzige Gattung ausgenommen, die man in dem Mittelländischen Meer findet, sind sie bisher nur in den Aequatorial Gegenden gesehen worden, wo Luft, Erde, und Wasser mit Strömen von Licht und allen Einflüssen einer erzeugenden Wärme gleichsam durchdrungen werden. In jenen Gegenden, wo die Atmosphäre mit Kolibris, Paradiesvögeln, Papagayen und andern reichgeschmückten Vögeln angefüllt ist, wo eine Menge goldfarbiger, grüner und himmelblauer Insekten mitten unter den schönsten Blumen herumsummen, wo die Farben des Regenbogens sich so glänzend in den Schaalen der Schlangen und der eierlegenden vierfüßigen Thiere spiegeln, und wo selbst im Schooß der Erde jene Diamanten und kostbare Steine entstehen, welchen die Kunst ein so lebhaftes Farben Feuer mittheilen kann; in diesen Gegenden haben die Hornfische einen vorzüglichen Antheil von den Geschenken der Wärme und des Lichts erhalten, mit welchen die Mittel-Meere und die Länder jener Gegenden so reichlich erfüllt sind.

Sie vermehren sogar in diesen durch die nahe Sonne erhitzten Gegenden die Pracht des Anblicks des Meers dadurch, daß sie immer in zahlreichen Haufen erscheinen. Jede Gattung Hornfische enthält eine Menge Individuen, und das gesammte Geschlecht dieser schönen Fische enthält so viele Gattungen, daß einer der geschicktesten Naturforscher, der zugleich sehr geübt war, die Legionen der Thiere zu beobachten, der berühmte Commerson in seinem Werk *) bei Gelegenheit der Hornfische ausruft: Welches Leben würde hinreichen, um alle diejenigen, die man bereits gesehen hat, zu vergleichen, und kennen zu lernen!

Wir kommen nun zu den Formen, auf welchen die Natur die mannigfaltigen Farben, von denen wir geredet, zerstreuet hat, und wollen zuerst die Vertheidigungswaffen untersuchen, mit denen die Hornfische ausgerüstet worden.

Ihr Körper ist von den Seiten sehr zusammengedrückt, und endigt sich öfters längs dem Rücken, und unter dem Bauch mit einem schar-

*) In den angeführten Manuscripten.

scharfen Rand, den man mit einem Schiffskiel verglichen. Er ist ganz mit kleinen Bukkeln oder sehr harten Schaalen besetzt, welche gruppweis beisammen sitzen, in mehr oder weniger regelmäßige Fächer eingetheilt sind, und auf einem dicken Fell festsitzen.

Diese besondere Bedeckung bekleidet nicht nur den eigentlichen Körper der Hornfische, sondern auch ihren Kopf, der oft wenig von den Körper abgesondert ist, und verbirgt auf diese Art das Thier unter einer Art Panzer oder Helm, welchen sehr scharfe Zähne kaum verletzen können. Außer dieser vollständigen Vertheidigungsrüstung haben sie auch noch zur Beschützung ihres Lebens sehr wirksame Mittel, die Feinde, die sie anfallen, abzutreiben.

Ein Theil ihres Schwanzes ist sehr oft mit sehr kleinen, aber sehr harten Stacheln besetzt, und da sie gegen den Kopf zu gekrümmt sind, so würden sie den Rachen eines großen Fisches, der einen Hornfisch bei dem Schwanz anpackt, sehr stark verwunden.

Diese Fische haben überdem zwei Rükkenflossen, wovon die erste immer einen sehr star-

starken, langen, und dicken, oft mit Stacheln besetzten Strahl hat, der in einer Vertiefung längs dem Rücken liegt, sich nach dem Willen des Thiers schnell in die Höhe richten, und sehr tief in den Gaumen derjenigen ihrer Feinde eindringen kann, die sie an dem obern Theil des Körpers anpacken, so daß sie dadurch zur Flucht genöthigt, oder durch die wiederhohlten Verwundungen vermittelst des Niederlegens und Aufrichtens des Stachels getödtet werden können *).

Die untern Flossen, oder eigentlicher zu reden die Brustflosse, die man unrecht Bauchflosse genannt hat, bei diesen Fischen eine Bildung, die man noch bei keinen andern Fischgeschlecht beobachtet hat. Diese sogenannten Bauchflossen sind hier nicht nur einander sehr nahe

*) Die Schnelligkeit, womit die Hornfische diesen langen dornichten Stachel ihrer ersten Rückenflosse aufrichten, wurde mit derjenigen verglichen, womit vormals gewisse Kriegs-Instrumente, die man Baliste nannte, die Pfeile fortschleuderten, und hieher kömmt der lateinische Name dieser Fische.

nahe wie bei dem kleingeflekten Hay, sie sind nicht blos vereinigt, wie wir es bei den Seehaasen unter den knorpelichten, und den Meergrundeln unter den knochichten sehen werden, sondern sie sind in einander in eine gewachsen, und bestehen zuweilen aus einem einzigen Strahl.

Dieser Strahl mag nun allein, oder mit andern begleitet seyn, so liegt er beinah immer größtentheils unter der Haut verborgen, und dabei ist er dick, stark und stachlicht genug, um diese Brustflosse zu einer eben so furchtbaren Waffe zu machen, als die erste Rückenflosse, so daß also auch der untere Theil des Thiers vor den zerfleischenden Zähnen eines Feindes gesichert ist.

Diese Isolirung des sehr langen Strahls der ersten Rücken- und untern Flosse, bei manchen Hornfischen, und dessen Vereinigung mit andern kleinern Stacheln, bei andern Gattungen desselben Geschlechts sind die Kennzeichen, deren wir uns bedient, um einige Deutlichkeit in die Beschreibung der verschiedenen Gattungen dieses Geschlechts zu bringen, und deren

Ei-

Eigenschaften leichter faßlich zu machen. Mit Hülfe dieser Kennzeichen haben wir vier Untergeschlechter angenommen, in die wir die bekannten Hornfische geordnet haben.

In das erste Untergeschlecht haben wir diejenigen gesetzt, die mehr als einen Strahl in der ersten Rücken- und in der sogenannten Bauchflosse haben; in das zweite diejenigen, welche nur einen Strahl in der ersten Rückenflosse, aber mehrere in der Bauchflosse haben; in das dritte hingegen bringen wir diejenigen, welche nur einen Strahl in der untern Flosse, dagegen mehrere in der ersten Rückenflosse haben; endlich haben wir in das vierte diejenigen gebracht, die nur einen Strahl sowohl in der untern, als in der ersten Rückenflosse haben.

Die Bauchkiemenöfnung ist sehr eng, sitzt oberhalb, und sehr nahe an den Brustflossen, und ist mit einer Haut versehen, die gewöhnlich durch zwei Strahlen unterstützt wird.

Die Mundöfnung ist gleichfalls nicht weit, und in jeder Kinnlade zählt man wenigstens acht Zähne, wovon die beiden vordern die

läng-

längsten sind. Dabei sind sie breit, von vorn nach hinten zugebogen, endigen sich nicht in eine Spitze, und haben daher viele Aehnlichkeit mit denjenigen, die man bei den Menschen und den lebendig gebährenden vierfüßigen Thieren Schneidezähne nennt.

Sie sind, wenigstens sehr oft, gewissermaßen durch ähnliche Zähne unterstüßt, die dahinten und an den Zwischenräumen der äussern Zähne stehen. Dieser Hülfszähne stehen zuweilen sechs auf jeder Seite, und da die äussern und innern an sich selbst groß und stark genug sind, so ist nicht zu verwundern, daß die Hornfische damit sehr harte Körper zerbrechen, und nicht nur die Korallen zerquetschen, worin sie die Polypen aufsuchen, und die feste Bekleidung der Muschelthiere, nach denen sie mehr oder minder lüstern sind, sondern sogar die dikken Schaalen der Seethiere, nach denen sie trachten.

Krabben, kleine Mollusken und noch kleinere Polypen sind die Nahrung der Hornfische, und wenn sie von ohngefähr nach andrer Beute jagen, und ihre Waffen gegen sie ge-

brau-

brauchen, so geschieht es nur im höchsten Nothfall, wenn sie drückender Hunger dazu zwingt.

Uebrigens finden wir hier einen Beweis dessen, was wir in der Abhandlung über die Natur der Fische gesagt haben, wo wir behaupteten, daß die Fische so sich von Muschelwerk nährten, gewöhnlich die schönsten Farben hätten; denn die Hornfische, welche die Schaalthiere beinah aller andern Nahrung vorvorziehen, prangen mit den mannigfaltigsten und schönsten Farben.

In gewissen Jahrszeiten und an gewissen Küsten, sind diejenigen, welche Hornfische gegessen hatten, so krank darauf geworden, daß man ein mehr oder minder wirksames Gift bei diesen Fischen vermuthete. Man erinnere sich dessen, was wir über die giftigen Thiere, in der angeführten Abhandlung gesagt haben,

Es ist nicht unmöglich, daß unter gewissen Umständen, und je nach Zeit und Gelegenheit, Hornfische die sich mit Moluskennund Polypen genährt, deren Säfte dem Menschen

und

und einigen Thieren tödlich seyn können, in ihren Eingeweiden einige Ueberreste dieser bösartigen Würmer behalten, die man nicht herausgenommen hat, und daß Menschen und Thiere, die davon gegessen, durch dieses fremde Gift mehr oder minder angegriffen worden.

Es kann sogar seyn, daß ein langer Genuß dieser schädlichen Nahrung, die Säfte und das Fleisch mancher Hornfische so verschlimmert, daß sie eben so bösartige Eigenschaften erhalten, als jene Seewürmer, aber im Grunde, sind die Hornfische an sich gar nicht giftig, und die Wirkungen, so diejenigen davon empfunden, die sich damit genährt, können alsdenn nur giftartig seyn, wenn das Fleisch und die Säfte dieser Fische ihre eigentliche Natur verändert haben, oder eine fremdartige schädliche Substanz enthalten. Man muß daher die Hornfische nur mit der größten Behutsamkeit essen, dessen ohngeachtet aber sie keinesweges unter die giftigen Thiere rechnen.

Die Hornfische helfen sich im Schwimmen mittelst einer Luftblase fort, die sie nahe beim Rücken haben; dabei haben sie aber noch

ein

ein anderes Mittel die Leichtigkeit zu vermehren, mit der sie mitten im Wasser sich erheben, oder untertauchen können. Die Häute nemlich, welche ihren Bauch bedecken, lassen sich stark ausdehnen, und das Thier kann, wenn es will, eine ziemlich beträchtliche Menge Gas hineinbringen, und sie dadurch zu einer gewissen Größe aufblasen.

Indem es solchergestalt seinen Umfang, durch die Aufnahme einer Flüssigkeit vermehrt, welche leichter ist als das Wasser, so vermindert es seine spezifische Schwere, und erhebt sich in dem Wasser. Dagegen taucht es tiefer unter, wenn es dieses Gas wieder von sich läßt, und wenn nun die Furcht, so durch irgend eine plötzliche Berührung, oder sonst einen Zufall hervorgebracht wird, bei dem Hornfisch ein plötzliches Zusammendrücken verursacht, so dringt das Gas so schnell und stark aus den Eingeweiden durch den Gaumen, die Oefnung des Mundes, und die der Kiemen heraus, daß eine Art Gezisch dadurch entsteht. Beinah ähnliche Wirkungen haben wir bei den Schildkröten gesehen, und werden dergleichen noch mehrere bei verschiedenen Gattungen

kno-

knochichter Fische, z. B. bei den Spiegelfischen, den Seehähnen und den Schmerlen antreffen.

Ohnerachtet der doppelten Hülfe einer Luftblase und der Aufblähung des Bauchs scheinen die Hornfische doch nicht so ganz leicht zu schwimmen, und zwar deswegen, weil die dicke, harte und warzichte Haut welche den Schwanz umgiebt, diesem Theil die Freiheit benimmt, sich schnell genug zu bewegen, um geschwind fortzukommen. Hiedurch wird auch dasjenige bestätigt, was wir von der wahren Ursache des schnellen Schwimmens der Fische gesagt haben.

Dies sind nun die allgemeinen Kennzeichen der Hornfische; dabei hat jede Gattung noch ihre eigenen, die wir anführen wollen, und zwar machen wir den Anfang mit dem alten Weib, welche Gattung den ersten Rang behauptet.

Der Name altes Weib kömmt von dem Gezisch oder Pfeiffen her, das er hervorbringen kann, und in welchem man Aehnlichkeit mit der Stimme einer alten Frau wahrzunehmen glaubte; ferner rührt er auch von der Form seiner Vorderzähne her, die man mit alten fleischlosen Zähnen verglichen.

Das alte Weib erreicht zuweilen eine Länge von drei Schuh; die Kiemenöfnung ist größer als bei den meisten andern Hornfischen; vor der Brust oder untern Flosse, welche sehr lang ist, und vieles zur Beschützung des untern Körpers beiträgt, stehen drei Reihen Stacheln. Die Schwanzflosse ist halbmondförmig *); und die beiden Strahlen, welche deren Spitzen ausmachen, verlängern sich in lange dünne Faden. Ähnliche Verlängerungen endigen die vordern Strahlen der zweiten Rückenflosse, und der erste der ersten Rückenflosse ist sehr stark, und vorn gezahnt.

Wir

*) Gewöhnlich findet man in

der Kiemenhaut . .	2	Strahlen.
in der ersten Rückenflosse	3	
in der zweiten . .	29	
in den Brustflossen . .	18	
in der untern, uneigentlich genannten Bauchflosse .	12	
in der Afterflosse . .	28	
in der Schwanzflosse .	14	

Wir kommen nun zu der Verschiedenheit und Eintheilung der Farben, mit welchen dieser schöne Hornfisch gewöhnlich geschmückt ist.

Die Farbe des obern Körpers ist dunkelgelb mit blauen Streifen; an den Seiten wird dies Gelb heller, und am untern Theil des Körpers verwandelt es sich in Grau. Der Augenstern ist roth, und von jedem Auge gehen, wie von einem Mittelpunkt, sieben bis acht kleine, sehr schön blaue Radien aus. Eben diese blaue Farbe findet man an dem Rand der Lippen, der gelben Brustflossen, der grauen Afterflosse, und der gelben Schwanzflosse. Auf dem Schwanz erblickt man solche blaue Queerstreifen, deren Tinte immer heller wird, je weiter sie sich von dem Kopf entfernen.

Das alte Weib ernährt sich mit dem Fleisch der Schaalthiere, und wird zuweilen ein Raub der größerer Fische, ohnerachtet ihrer Größe, ihrer Bildung, und ihrer Stacheln; alsdenn aber wird er gewöhnlich bei dem Schwanz gefaßt, der ohne Stacheln, und weniger gut beschützt ist, als der vordere Körper. Ueberdies hat dieser Schwanz im Verhältniß gegen

gegen den Körper zu wenig Stärke, welches mit demjenigen übereinstimmt, was wir von der langsamen Bewegung der Hornfische gesagt haben.

Man findet diesen Fisch in den Indischen und Amerikanischen Meeren, wo diese Gattung einige Abänderungen *) in der Zahl der Strahlen ihrer Flossen, und in der Höhe ihrer Farben erlitten, wodurch denn mehrere Nebengattungen entstanden.

*) Bei einer dieser Nebengattungen fand man in der

ersten Rückenflosse	. .	3 Strahlen.
in der zweiten	. . .	27
in den Brustflossen	. .	14
in der Bauchflosse	. .	14
in der Afterflosse	. .	25
in der Schwanzflosse	. .	12

Der Sternhornfisch *).

(Baliste etoilé.)

Dieser von Commerson beschriebene, und in der Gegend von Isle de France von ihm gesehene Fisch hat keine so mannigfaltigen und lebhaften Farben, als die meisten andern Hornfische; aber die seinigen sind dem Auge angenehm, regelmäßig geordnet, und ihre Figur führte uns auf den Namen den wir ihm beilegen.

Er ist oben grau und unten weislicht; weisgraue lange Streifen laufen längs der zweiten

ten

*) Balistes griseus, dorso maculis lenticularibus & exalbidis consperso, ventrali unica spuria. Commerson angeführtes Manuscript.

ten Rücken- und der Afterflosse hin, und sehr kleine beinah ganz weiße Flecken, die auf dem obern Theil des Körpers zerstreut sind, geben ihm ein gesterntes Ansehen. Durch diesen einfachen und glänzenden Schmuck werden die folgenden Formen noch erhoben.

Vorn am Kopf sieht man eine ziemlich tief eingegrabene Furche; jedes Nasenloch hat eine doppelte Oefnung, die der Kiemen ist sehr eng, und sitzt beinah senkrecht über dem Ursprung der Brustflossen, und vorn an einem kleinen Hügel knochichter Schaalen, wovon die einen größer als die andern.

In der ersten Rückenflosse zählt man drei Strahlen, wovon der erstere sehr lang, stark, und vorn gezackt ist *).

 Die

*) Der von Commerson beobachtete Fisch hatte sechszehn Zoll Länge.

In der zweiten Rückenflosse waren . . .	26	Strahlen.
in der Afterflosse . .	24	
in den Brustflossen	15	
in der Schwanzflosse .	12	

Alle

Die sogenannte Bauchflosse besteht in einem sehr dicken und harten Strahl, und in acht bis zehn kurzem, aber gleichfalls sehr starken, die durch die dicke Haut in welcher sie stecken, beinah unbeweglich gemacht werden. Die Schwanzflosse ist ein wenig halbmondförmig ausgeschnitten; die zweite Rücken und die Afterflosse enthalten beinah eine gleiche Anzahl Strahlen, und scheinen folglich einander gleich.

Vielleicht könnte man einen andern Hornfisch hieher rechnen, den Gmelin den punktirten *) nennt, den er blos aus der Reisebeschreibung des Nieuhof zu kennen scheint, und von dem er blos sagt, daß er das Indische Meer bewohnt, und einen Körper mit Punkten oder kleinen Flecken besäet hat.

Alle diese Strahlen waren weich, ausgenommen der erste in der zweiten Rückenflosse, der erste in der Afterflosse, und der erste und letzte in der Schwanzflosse.

*) Balistes punctatus. Linné ed. Gmelin. Stipvisch Nieuhof. Ind. 2. p. 275.

Die Schärpe *).
(Baliste Echarpe.)

Dieser Fisch kömmt in seiner Form beinah mit allen übrigen Hornfischen überein; aber er zeichnet sich durch seine sehr schönen und lebhaften Farben, die zugleich so sonderbar vertheilt sind, von allen übrigen seines Geschlechts aus.

Die Spitze der Schnautze der Schärpe ist mit einem sehr schönen Himmelblau eingefaßt,

*) Balistes rostri semi annulo caeruleo; genis luteis; interstitio oculorum smaragdino cum lineis tribus nigris transversis; fascia nigra latissima ab oculis ad anum obliquata; aculeis caudae triangulo nigro interclusis. Commersons angeführtes Manuscript.

faßt, welches daselbst eine Art Halbzirkel bildet. Der Kopf ist von einem lebhaften Gelb, welches gegen die Seiten zu blässer wird, und sich zwischen den Augen in ein blaßgrün verwandelt, auf welchem drei schwarze Querstreifen hinlaufen.

Eine andere blaulichte Linie geht von dem vordern Theil des Auges bis zur Basis der Brustflosse herunter, und jenseits dieser Linie geht ein sehr dunkelschwarzer Streif von dem Auge aus, in schieflaufender Richtung und immer breiter werdend, bis zum After und der Afterflosse, so daß er auf dem Körper des Fischs eine Art schwarzer Schärpe bildet, welche durch die angränzenden Farben noch mehr erhoben wird, und die uns Anlaß zu dem Namen gegeben, den wir ihm beigelegt haben.

Diese Schärpe oder Streif ist um so leichter zu unterscheiden, da ihr hinterer Rand mit einem bläulichten schmalen Streifchen eingefaßt ist, der gegen die Mitte des Körpers zu sich in einen Streif von derselben Farbe verliert, welcher bis zu den hintern Strahlen der zweiten Rückenflosse geht, und auf den

Seiten

Seiten des Thiers den Gipfel eines spitzen Winkels bildet.

Zwischen den beiden Schenkeln dieses Winkels, sieht man auf der Seite des Schwanzes einen schwarzen, mit einem blaugrünlichten Rand eingefaßten Triangel, und ein sehr dunkelschwarzer Ring umgiebt die Basis der Schwanzflosse.

Der ganze übrige Körper hat eine braunrothe Farbe, den untern Theil ausgenommen, welcher zwischen der Schnautze und der Spitze der Schärpe sitzt, und eine weiße Farbe hat.

Die zweite Rücken- und die Afterflosse sind durchsichtig, so wie auch die Brustflossen, deren Basis schwarz, und deren Spitze mit einen schönen rothen Fleck prangt.

So sind also alle Farben des Regenbogens regelmäßig und einsichtsvoll auf diesem Hornfisch vertheilt, und werden durch die Art schwarzer Schärpe, welche schief an dem Körper des Thiers hinläuft, sehr gehoben.

Was die besondern Formen dieses Fischs anlangt, so ist sein Kopf länglicht; in der ersten Rückenflosse zählt man drei Strahlen, wovon der erstere gezackt, und der dritte sehr kurz und von beiden andern entfernt ist; die sogenannte Bauchflosse besteht aus einen dicken, knochichten mit Stacheln versehenen Strahl, und aus acht bis zehn kleinern, die durch eine dicke Haut gehalten werden *); und an jeder Seite des Schwanzes laufen vier Reihen Stacheln hin, die gegen den Kopf zu gekrümmt sind.

Alles bisher gesagte haben wir aus den Manuskripten Commersons gezogen, der diesen Fisch in dem Meer bei Isle de France gefunden und beschrieben hat.

*) In der zweiten Rückenflosse

sind	. . . . .	23 Strahlen.
in den Brustflossen	. .	13
in der Bauchflosse	. .	9 oder 11
in der Afterflosse	. .	20
in der Schwanzflosse	. .	12

Die Schwanzflosse ist nach Commersons Angabe zirkelbogenförmig, und endigt sich nach der Zeichnung desselben Naturforschers in eine gerade Linie.

Der

Der zweistachlichte Hornfisch *).
(Balifte double aiguillon).

Die an Fischen, besonders an Hornfischen so reichen Indischen Meere ernähren auch den gegenwärtigen, dem wir dem verdienstvollen Herrn D. Bloch zufolg, der ihn zuerst den Naturforschern genau beschrieben, den Namen des zweistachlichten beibehalten haben.

gegen=

*) Baliftes biaculeatus. Linné ed. Gmelin.
Blochs Naturgefch. auslaend. Fifche. 2r Th. p 17. pl. 148. f. 2.
Gronov. Mus. 1. p. 52. n. 115. Zooph. n. 194.
Pifcis cornutus Willoughby Ichthyol. app. p 5. tab. 10. fig. 2.
Raj. pifc. p. 151. n. 12.
Balifte á deux piquans. Bonnaterre planches de l'Encyclopédie.
Hoornvish. Nieuhof. Ind. 2. p. 212. tab. 228. fig. 3.

Dieser Fisch hat mehrere sehr vorspringende Kennzeichen; seine Schnautze ist sehr lang, und endigt sich in eine Art Rüssel; die erste Rückenflosse besteht aus vier Strahlen; eine sehr merkliche Seitenlinie geht von dem Auge aus, folgt ohngefähr der Krümmung des Rückens, und erstreckt sich bis zur gabelförmigen Schwanzflosse. Der Schwanz ist verhältnißmäßig gegen andere Hornfische gerechnet, schmäler, und um die sogenannte Bauchflosse vorzustellen, sieht man hinter einem schwarzen Fleck, zwei sehr lange, sehr starke, und sehr zackichte Stacheln, welche nebeneinander stehen, gegen den Schwanz zu niedergelegt, und gleichsam in eine besondere Vertiefung eingeschlossen werden können.

Der zweistachlichte Hornfisch ist übrigens oberhalb grau, und unterhalb weislicht *).

*) In der ersten Rückenflosse sind . . . . . 4 Strahlen.
in der zweiten . . 23
in den Brustflossen . . 13
in der Afterflosse . . 17
in der Schwanzflosse . . 12

Chi-

Chinesischer Hornfisch *)
(Baliste chinoir).

Der gegenwärtige Hornfisch wird in den Meeren an den Chinesischen, wie auch an den Brasilianischen Küsten gefunden.

Die

*) Balistes Sinensis. Linné ed. Gmelin.
Baliste chinois. Bonnaterre planches de l'Encyclopédie.
Blochs Naturgesch. auslaend. Fische. IIr Th. p. 29. pl. 152. fig 1.
Balistes chinensis. Obs. It. p. 147.
Gronov. Mus. 2. n 196. Zooph. n. 189.
Pira aca. Marcgr. Brasil. p. 154.

Wil-

Die erste Rückenflosse besteht blos in einem sehr langen, starken, hinten mit zwei Reihen Zähne versehenen Stachel, welchen das Thier niederlegen, und nach Belieben in eine kleine Furche zwischen beiden Rückenflossen einschließen kann.

Die Seitenlinie fängt hinter den Augen an, krümmt sich nachher unterwärts, und ist mitten zwischen vier Reihen Stacheln, welche jede Seite des Schwanzes besetzen, kaum noch merklich. Die Schwanzflosse ist rund; die Bauchflosse hat dreizehn Strahlen, welche mit Ausnahme des ersten *), in eine dicke Haut gleichsam eingeschlossen sind.

Dieser

Willoughby Ichthyol. p. 150. tab. I. 4. fig. 1.

Raj. pisc. p. 47.

Monoceros piscis clusii, pira aca Marcg.

Plumier angeführte Zeichnungen auf Velin, die Zeichnung ist aber nicht sehr richtig.

*) In der zweiten Rückenflosse 30 Strahlen.

*) In der zweiten Rückenflosse		30 Strahlen.
in den Brustflossen	. .	13
in der Bauchflosse	. .	13
in der Afterflosse	. .	30
in der Schwanzflosse	. .	12

Dieser Hornfisch hat oben eine graue, unten aber eine weislichte Farbe, und ist ganz mit kleinen goldfarbigen Flecken besäet; sein Fleisch ist nicht sehr eßbar.

Der kleine Einhornfisch *)
und
Der Pokenrücken **).
(Baliſte velu &. Baliſte mamelonné).

Wir faſſen die Beſchreibung dieſer beiden Hornfiſche in einen Artikel zuſammen, weil beide

*) Baliſtes tomentoſus. Linné ed. Gmelin.

Baliſte velu. Daubenton Encyclopédie methodique.

Id. Bonnaterre planches de l'Encyclopédie.

Baliſtes aculeis dorſi duobus, lateribus verſus caudam hirſutis. Gronov. Mus. 1. n. 114. tab. VI. fig. 5. Zooph. n. 191.

Blochs Naturgeſch. auslaend. Fiſche. IIr Th. p. 15. pl. 148. fig. 1.

Boch

beide große Aehnlichkeiten mit einander haben, und nur in kleinen Verschiedenheiten von den andern Fischen ihres Geschlechts abweichen.

Der kleine Einhornfisch der in dem Indischen Meer gefunden wird, hat einen ziemlich

Bloch zählt in der ersten Rückenflosse nur einen Strahl; Gronov hingegen und andere Naturforscher zwei; es scheint, daß das von D. Bloch untersuchte Individuum mangelhaft gewesen.

Seba Mus. 3. tab. 24. fig. 18.

Ewanwe hoornfish. Renard poissons. 1. p. 27. tab 25. fig. 134.

Ikan Kipas, wajer visch. Valent. Ind. 3. p. 556. n. 28. fig. 28.

**) Balistes papillosus. Linné ed. Gmelin.

Baliste mamelonné. Daubenton Encyclopédie methodique.

Id. Bonnaterre planches de l'Encyclopédie.

Balistes granulatus, prima dorsali anteriore biradiata, corpore granoso. Beschrieben von Hunter im Anhang der englischen Reise nach Neu-Südwallis von J. White; erstem Wundarzt der vom Kap. Philipp kommandirten Expedition. pl. 39. fig. 2.

lich dünnen Körper, und die erste Rückenflosse bietet nur zwei Strahlen dar, wovon der vordere kurz aber stark, und hinten mit zwei Reihen Stacheln besezt ist; an den Seiten des Schwanzes sitzen gleichfalls kleine gekrümmte Stacheln. Die Farbe des Thiers ist braun, verwandelt sich aber auf den Seiten in Gelb, nachher in Grau, und dann wieder in mehr oder weniger hellgelb, welches oft durch schwarze länglichte Flecken unterbrochen ist *).

Der Pokenrücken hat nur zwei Strahlen in der ersten Rückenflosse, so wie das kleine Einhorn, aber sein Körper ist mit kleinen Poken oder Wärzchen besezt **). Er ist an den Küsten von Neu Süd-Wallis gefangen worden, und hat, laut der Beschreibung, die

*) In der zweiten Rückenflosse 31 Strahlen.
in den Brustflossen . . 9 oder 10
in der Afterflosse . . 27
in der Schwanzflosse . . 9

**) In der zweiten Rückenflosse 29 Strahlen.
in den Brustflossen . . 13
in der Afterflosse . . 21
in der Schwanzflosse . . 12

die in der unten angeführten Reise enthalten ist, eine grau weislichte Farbe; aber nach der illuminirten Figur, welche dem Text beigefügt ist, eine schwärzlich gelbe Farbe und den Kopf lilas.

Der gefleckte Hornfisch *).

(Baliste tachété.)

Dieser Fisch bewohnt die warmen Meere des alten und neuen festen Landes. Er hat einige Aehnlichkeit mit dem Pokenrücken, wegen den kleinen Wärzchen, die an mehrern Stellen seines

*) Balistes maculatus. Linné ed. Gmelin.

Baliste tachété. Bonnaterre planches de l'Encyclopédie.

Blochs Naturg. auslaend. Fische. IIr Th. p. 25. pl. 151.

Capriscus murina, dentibus minutis etc. Klein Miss. pisc. 3. p. 25. n. 6. tab. 3 fig. 9.

Guaperva longa. Willoughby Ichth. append. p. 21. tab. I. 20.

Raj. pisc. p. 48. n 2.

Little old wife. Brown. Jam. p. 456. n. 2.

Prikle or long file fish. Grew. Mus. p. 113. tab. 7.

Maan visch, poisson de lune, turin saratse. Renard poissons. 2. tab. 38. fig. 138.

nes Körpers, seine Haut rauh anzufühlen machen. Er unterscheidet sich aber von ihm, durch die Anzahl der Strahlen seiner Flossen, und durch andere Kennzeichen wovon wir einige angeben wollen.

An seinem obern Theil hat er eine violette Farbe, an dem untern ist er weißgelblicht; seine Brustflossen sind gelb, und beinah der ganze Fisch ist mit blauen Flecken bedeckt. Diese angenehme Farben-Vertheilung verbreitet sich über einen ziemlich großen Körper.

Die Oefnung jedes Nasenlochs ist doppelt, und die vier Oefnungen dieser Organen, sitzen in einem kleinen Grübchen vorwärts den Augen. Jenseits des großen und zackichten Stachels der Bauchflosse sieht man einige kleine Stacheln; die darauf folgende Afterflosse ist sehr breit; und an den Seiten des Schwanzes, dessen Flosse rund ist, sieht man keine Stacheln *).

*) In der ersten Rückenflosse

zählt man	. . .	2 Strahlen.
in der zweiten	. . .	24
in den Brustflossen	. .	14
in der Afterflosse	. .	21
in der Schwanzflosse	. .	12

Der Praslin *).

(Baliste Praslin.)

An diesem bemerkt man gleichfalls sehr schöne Farben; die seines obern Körpers ist dunkelgrün, und die des Unterleibs schön weiß. Auf jeder Seite des Thiers bemerkt man einen sehr großen, und sehr dunkeln Fleck, desgleichen auch einen purpurfarbenen Streif, der sich von der Spitze der Schnautze an, bis zur Basis der Brustflosse erstreckt, nebst noch fünf andern

*) Balistes pinna dorsi prima radiata; triplici aculeorum ordine ad basim caudae; linea purpurea a supremo rostro ad basim pinnarum pectoralium ducta, macula latissima nigra medium utrinque latus occupante. Commersons angeführte Manuscripte; Vierter Heft der Zoologie.

dern Reihen, wovon die beiden äußersten und die mittlere bläulicht sind, die beiden andern hingegen röthlich, und etwas breiter, von derselben Basis bis zu den Augen laufen.

Der Praslin zeichnet sich überdies durch die rothe Farbe seiner Brustflossen, und durch den gelben Rand aus, den man an dem obern und untern Rand der Schwanzflosse bemerkt.

Dieser Fisch, den Commerson beschrieben, und der ihm zufolg ohngefähr die länge eines Barschs erreicht; hat einen so großen Kopf, daß dieser allein beinah den dritten Theil der länge des ganzen Thiers ausmacht. Ohngeachtet die Haut, welche den Kopf und dem Körper bedeckt sehr dick ist, so können die lippen, so wie bei andern Hornfischen, nach Belieben des Thiers, vorwärts und zurückgezogen werden.

Bei der Kiemenöfnung erblickt man eine kleine Gruppe, ziemlich großer, und sehr von den andern unterschiedenen Schuppen, die man für den Anfang eines zu weit hinten sitzenden Kiemendeckels halten könnte.

Der

Der Strahl, welcher die sogenannte Bauchflosse bildet, ist artikulirt, wie eine Feile mit Stacheln besezt; vor ihm stehen zwei Reihen harter Wärzchen, und hiter ihm eine Reihe sehr kurzer Stacheln, die sich bis zum After erstreckt.

Jede Seite des Schwanzes ist übrigens mit drei bis vier Reihen kleiner, gegen den Kopf zu gekrümmter Stacheln besezt, wovon jeder an seiner Basis in einer Art schwarzen Scheide steckt *).

Dieser Hornfisch, muß Commerson zufolg unter die Steinfische gezählt werden, weil er sich gewöhnlich zwischen den Klippen an

*) In der Kiemenhaut findet man . . . 2 Strahlen.
in der ersten Rückenflosse 2
in der zweiten . . . 25
in den Brustflossen . . 13
in der Bauchflosse . 1
in der Afterflosse . . 21
in der Schwanzflosse . 12
Leztere endigt sich in eine beinah ganz rade Linie.

an den Küsten der Insel Praslin aufhält, daher wir ihm den Namen dieser Insel, als seines gewöhnlichen Aufenthalts beibehalten haben.

Wenn man ihn unbehutsam anfaßt, so beißt er sehr heftig; sein Fleisch ist übrigens angenehm und gesund.

Kleins Hornfisch *).
(Baliste Kleinien).

Dieser Hornfisch, dessen Kenntniß man vorzüglich Klein zu danken hat, zeichnet sich durch die Länge seiner zweiten Rücken- und Afterflosse aus, deren jede mehr als fünf und vierzig Strahlen hat. Die Schnauze ragt vor; die Oefnung des Munds ist klein, und mit Bartfasern versehen; der vordere Strahl der ersten Rückenflosse ist gezackt auf beiden Seiten, und die Schwanzflosse rund.

Dieser Fisch lebt in den Indischen Gewässern.

*) Balistes Kleinii. Linné ed. Gmelin.

Gronov. Zooph. n. 193.

Capriscus capite triangulato gutturoso, ore admodum parvo barbato etc. Klein Miss. pisc. 3. p. 25. n. 8. tab. 3. fig. 12.

Ikan anwawa. Valent. Ind. 3. p. 377. n. 92. fig. 92.

Der

Der kurassaische Hornfisch *).
(Baliste Curassavien).

Der gegenwärtige Hornfisch lebt ohnweit Kurassao. Seine Schwanzflosse endigt sich in eine gerade Linie, und die Seiten haben eine sehr glänzende Goldfarbe. Diese Vergoldung wird noch durch einen schwarzen Punkt erhöht, der in der Mitte jedes Schuppens sitzt, über den sie sich verbreitet.

Der Rücken ist braun, und die Schnautze rund **).

*) Balistes curassavicus. Linné ed. Gmelin. Gronov. Zooph. 196.

**) In der ersten Rückenflosse 2 Strahlen.

in der zweiten	. .	27
in den Brustflossen	.	13
in der Afterflosse	. .	26
in der Schwanzflosse	.	9

Der

Der Stachelschwanz *).

(Balifte épineux).

Die in dem zweiten Untergeschlecht begriffenen Hornfische, die wir bisher beschrieben, haben

*) Baliftes aculeatus. Linné ed. Gmelin.

Balifte épineux. Daubenton Encycl. methodique.

Id. Bonnaterre planches de l'Encyclopédie.

It Wgoth. 138.

Cronov. Zooph. 188.

Blochs Naturg. der auslaend. Fische. II Th. S. 19. pl. 149.

Seba Mus. 3. tab. 24. fig. 15.

Caprifcus cornutus fupra oculum etc. Klein Miff. pifc. 3. p. 25. n. 5. 7. tab. 3. fig. 10.

Gua-

ben nur zwei Strahlen in der ersten Rückenflosse. Von nun an werden wir mehrere Strahlen in dieser Rückenflosse bemerken, denn der Stachelschwanz hat deren drei darin. Auf dem Bauch, und zwar hinter dem gezackten Strahl, welcher die Bauchflosse bildet, stehen mehrere Stacheln zerstreut, und an jeder Seite des Schwanzes stehen vorwärts gekrümmte Stacheln, und zwar zu zwei bis fünf Reihen, je nach Alter, Geschlecht oder Klima.

Dieser Fisch hat sehr schöne Farben, welche von Commerson, der diesen Fisch sehr oft lebend in dem Wasser schwimmend gesehen, folgendermaßen beschrieben worden.

Die

Guaperva hystrix. Willoughby Ichthyol. app. p. 21. tab. I. 21.

Sounk hoornvisch, man visch, gros poupou. Renard. poiss. 1. pl. 28. fig. 154 et 2. pl. 28. fig. 136. et pl. 34. fig. 157.

Balistes fuscus ex rubro et aureo oblique virgatur, pinna dorsi prima triacantha, ossiculo xyphoide scaberrimo; pinnarum ventralium loco, aculeis antrorsum versis duplici ordine utrinque ad caudam. Commerson angeführte Manuscripte. Viertes Heft der Zoologie.

Die Hauptfarbe des Thiers ist dunkelbraun, aber auf diesem dunklen Grund laufen auf dem vordern Körper breite rothe Streifen hin, die auf dem hintern Theil eine Goldfarbe haben, eine schiefe Richtung nehmen, und einen sehr lebhaften Glanz von sich geben. Augen, Lippen, und die Basis der Brustflossen sind übrigens zinnoberroth, von welcher Farbe man stärkere oder schwächere Streifen, sogar mit etwas Gelb vermischt, auf den übrigen Flossen, hauptsächlich auf der Schwanzflosse antrift, wo die Zwischenräume zwischen den Strahlen blaulicht sind *).

Dieser Fisch hält sich in dem rothen und indischen Meer auf, in welchen letztern ihn Commerson zwischen den Felsen, Korallen und Sandbänken nahe bei der Insel Praslin ge-

*) In der Kiemenhaut . 2 Strahlen.
in der ersten Rückenflosse . 3
in der zweiten . . . 25
in den Brustflossen . . 13
in der Afterflosse . . 23
in der Schwanzflosse, die sich in eine beinah gerade Linie endigt . . 10

gefangen. Er behauptet, daß er sehr gut zu essen sey.

Wir glauben, den von Gmelin beschriebenen Hornfisch *) hieher rechnen zu können, welchen Linné in der Beschreibung der Sammlung des Prinzen Adolph bekannt gemacht hat. Dieser warzichte Hornfisch ist von dem Stachelschwanz nur darin verschieden, daß der Strahl, welcher die sogenannte Bauchflosse vorstellt, mit Wärzchen, anstatt mit spitzigen Stacheln besetzt ist. Wollte man aber auch dieses Kennzeichen als bleibend erklären, so kann es immer nur eine Nebengattung bestimmen.

*) Balistes verrucosus. Linné ed. Gmelin. Mus ad fr. I. p. 57. tab. 27. fig. 4.

Der

Der Nasenrümpfer *).

(Baliste sillonné).

Wenn dieser Fisch noch lebt, so hat er eine sehr schöne schwarze Farbe auf allen Theilen sei-

*) Balistes ringens. Linné ed. Gmelin.
Baliste sillonné. Daubenton Encyclop. methodique
Id. Bonnaterre planches de l'Encyclopédie.
Mus. ad fr. I. p. 58.
It. Wgoth. 139.
Balistes nigra. Osbek. It. 295.
Gronov. Zooph. 195.
Blochs Naturg. der auslaend. Fische IIr Th. p. 27. pl. 152. fig. 2.

Ar-

seines Körpers, ausgenommen an der Basis seiner zweiten Rückenflosse und der Afterflosse. Ein langer weißer, zuweilen blauer Streif läuft über diese Basis hin. Der Raum zwischen dem After und dem Strahl, welcher die Bauchflosse vorstellt, ist mit einer Reihe Wärzchen besetzt. Die Seiten des Schwanzes sind wie gefurcht, und jede der Schuppen, womit sie bedeckt sind, hat in ihrem Mittelpunkt ein Wärzchen, oder kleinen stumpfen, gegen den Kopf zugekehrten Stachel, und vermöge dieser Bildung sind die Seiten nothwendig rauher anzufühlen, als der vordere Theil des Körpers

Artedi gen. p. 54. n. 4.

Guaperva lata ad caudam striata, histeri. Willoughby Ichthyol. app. p. 21. n. 5. tab. I. 24.

Raj. pisc. p. 49. n. 5.

Balistes niger, linea alba dorsi. Commerson Manuscripts.

Ikan Kandawara. Valent. Ind. 3. p. 359. fig. 42.

Baliste noir, Kolkenboati & Kandnwara. Renard. poissons. I. p. 26. tab. 17. fig. 96; & p. 27. tab. 18. fig. 98.

pers *). Man findet diesen Fisch in dem Chinesischen Meer, und an den östlichen Küsten von Afrika.

*) In der ersten Rückenflosse 3 Strahlen.

in der zweiten . . .	35	
in den Brustflossen . .	15	
in der Afterflosse . . .	31	
in der halbmondförmigen Schwanzflosse . . .	10	

Der Stachelschweinfisch *).

(Baliste caprisque).

Man findet diesen Fisch nicht nur in den warmen Meeren Indiens und Amerikas, sondern

*) Porc in mehrern südlichen Departementern.

Porco in Sicilien und andern Gegenden Italiens.

Caper von mehrern alten Autoren, desgleichen Aper, Porcus, Sus, Mus marinus.

Balistes capriscus. Linné ed. Gmelin.

Gronov. Zooph. n. 187. Mus. I. p. 53. n. 117.

Seba Mus. 3. tab. 24. fig 16.

Klein Miss. pisc 3. p. 24. n. 1.

Gessner Icon. p. 57.

dern auch in der Mittelländischen See. Plinius hat ihm, dem Aristoteles zufolg den Namen caper beigelegt, und ihm das Vermögen zugeschrieben eine Art Geräusch oder Gezisch hören zu lassen, welches, wie wir gesehen haben, allen Hornfischen eigen ist.

Dieser Fisch hat schöne und spielende Farben. In Amerika hat er, nach Plumiers illuminirten Zeichnungen, durchaus eine ins helle spielende Violetfarbe, wodurch der ganze Körper das mannigfaltige Farbenspiel des Tauben-

Aldrovand. pisc. 516.

Joniston pisc. tab. 23. fig. 7.

Willoughby Ichthyol. p. 152. tab. I. 19.

Raj. pisc. p. 47.

Caper. Plinii hist. mundi. l. 11. c. 51.

Caper. Salvian Aquat. p. 207. 208. tab. 206. b.

Poupore noble. Renard. poissons Tab. 1. fig. 7.

Capriscus rondeletii. Plumier Dessins sur velin.

Porc. Rondelet. Ire partie. liv. 5. ch. 26.

Aristot. hist. anim. l. 2. c. 13 & l. 4 c. 9.

Athen. l. 7. fol. 152, 40 & 163, 5.

Aelian. lib. 12. c. 26.

denhalses erhält; der ziemlich große Stern seiner Augen ist schön blau, mit einem glänzenden gelben Rand eingefaßt, und gleicht auf dem violetten Grund des Körpers, einem schönen Sapphir der mit einem goldenen Ring eingefaßt ist.

Unter höhern Breiten, besonders in dem Mittelländischen Meer hat dieser Fisch zuweilen blaue Flecken auf dem Körper, und blaue und rothe auf den Flossen, nebst grünen Streifen auf verschiedenen Theilen des Körpers. Von den übrigen Fischen seines Geschlechtes unterscheidet er sich durch die charakteristischen Kennzeichen die wir in der Tabelle angezeigt haben, und durch die Anzahl der Strahlen in seinen Flossen.

Der Gabelschwanz *).

(Baliste queue fourchue).

Die erste Rückenflosse dieses Fischs besteht aus drei Strahlen, wovon der vordere sehr lang und stark ist, eine Art Horn vorstellt, und auf allen Seiten mit Wärzchen und kleinen Zacken besezt ist. Die zweite Rückenflosse ist wegen den Flecken, die man darauf bemerkt, merkwürdig, und die des Schwanzes ist Gabelförmig.

*) Balistes forcipatus Linné ed. Gmelin.
Balistes cauda bifurca, pinna dorsi maculosa. Artedi. gen. 54. syn. 82.
Willoughby Ichthyol. app. p. 21. tab. I, 22.

Der

Der Beutelhornfisch *), und der amerikanische Hornfisch **).

(Le Baliſte Bourſe, & le Baliſte américain).

Man muß den erſten dieser Fische nicht mit dem alten Weib verwechseln, welches Plumier

*) Baliſte Bourſe. Sonnerat Journal de phyſique. 1774.

Id. Bonnaterre planches de l'Encyclopédie.

**) Baliſtes americanus. Linné ed. Gmelin.

Gronov. Zooph. 192.

Baliſtes nigricans, roſtro, maculis, pinnis pectoris, dorſi, ani, dimidiaque cauda ex albidis; triplici aculeorum ſerie ad caudam. Commerſon angeführte Manuſcripte.

Ba-

mier und andern Reisenden zufolg, in einigen östlichen Kolonien, besonders zu Martinique, gleichfalls den Namen Beutel, (Bourse) erhalten hat. Derjenige Fisch von dem hier die Rede ist, gehört nicht nur nicht zu derselben Gattung, wie das alte Weib, sondern zu einem verschiedenen Untergeschlecht.

Der Beutelfisch ist über den ganzen Körper von heller oder dunkler grauer Farbe, den vordern Untertheil des Körpers ausgenommen, welcher weiß ist. Dies Weiße des untern Körpers ist von dem Grauen so scharf abgesondert, daß die Gränze, welche beide Farben trennt, eine vollkommen gerade Linie vorstellt, welche sich schief von der Oefnung des Mundes bis zur Afterflosse hinzieht.

Man sieht übrigens auf jeder Seite des Thiers einen schwarzen halbmondförmigen Streif, zwischen dem Auge und der Brustflosse,

Baliste tacheté. Sonnerat Journal de Physique. T. 3. p. 445.

Baliste noir. Bonnaterre planches de l'Encyclopédie.

flosse, der in seiner Krümmung gleichfalls einen schwarzen, einem Ypsilon ähnlichen Fleck enthält *).

Dieser Fisch wird bei Isle de France gefunden, und ist von Sonnerat einem der ältsten Korrespondenten des Museums der Naturgeschichte bekannt gemacht worden.

Ohngeachtet der Aehnlichkeiten welche zwischen dem Beutel- und dem Amerikanischen Hornfisch statt finden, kann man beide, sogar dem ersten Anblick nach, voneinander unterscheiden, wenn man nur die Schwanzflosse betrachtet; denn diese endigt sich bei dem Beutel, in eine gerade Linie, und bei dem Amerikanischen ist sie abgerundet.

Der Amerikanische hat noch überdies an jeder Seite des Schwanzes drei Reihen kleiner

*) In der ersten Rückenflosse . . . . . . 3 Strahlen.
in der zweiten 29
in jeder Brustflosse . . 14
in der Afterflosse 26
in der Schwanzflosse . 12

kleiner gekrümmter Stacheln, die man an dem Beutel vermißt, und die Farben, so wie deren Vertheilung sind auf beiden Fischen sehr verschieden.

An dem Amerikanischen sieht man nichts als weiß und schwarz, jedoch auf eine besondere Art vertheilt. Der ganze Körper ist schwarz, und auf diesem Grund, umgiebt ein glänzendes Weiß die Oefnung des Mundes, wie ein Doppel-Ring, vertheilt sich in einen kleinen Streif gegen die Augen, und um den Hals, erscheint in großen unregelmäßigen Flecken auf den Seiten, und zeigt sich auf den Brustflossen, auf der zweiten Rückenflosse, auf der Afterflosse, und an der Basis der Schwanzflosse.

Dies ist der geschmackvolle Schmuck des Amerikaners, nicht blos in den Gewässern um Süd-Amerika herum, wo er von mehrern Reisenden beobachtet worden, sondern auch in denjenigen, welche Asien von Afrika trennen, woselbst er

von

von Commerson beobachtet, und sorgfältig beschrieben worden *).

*) In der ersten Rückenflosse . 3 Strahlen.
in der zweiten . . . 28
in den Brustflossen . . 15 oder 16.
in der Afterflosse . . 28
in der Schwanzflosse . . 12

Der grünlichte; der großfleckichte; der schwarze; der gezäumte; und der bewafnete Hornfisch *).

(Baliste verdatre; grande tache; noir; bridé & armé).

Wir bringen hier unter einem Artikel die Beschreibungen fünf verschiedener Gattungen, welche

*) Balistes e fusco viridescens, genis aureis, gula subterius pallide caerulescente; pinnis dorsi, ani et caudae, basi obsolete flavescentibus, extimo limbo nigris. Commerson angeführte Manuscripte.

Balistes fuscus, macula pectorali maxima, postremisque pinnarum marginibus albis, cauda inermi longe bifurca, genis sextuplici verrucarum serie notati. Commerson.

Ba-

welche den Naturforschern bisher unbekannt waren, und von welchen wir Zeichnungen oder Beschreibungen, die mehr oder weniger ausführlich sind, in Commersons Manuscripten gefunden haben.

Der Grünlichte ist einer der größten seines Geschlechts, und wir haben den Namen, den wir ihm beilegen, von seiner Hauptfarbe hergenommen. Der größere Theil seines Körpers ist wirklich grün, mit braunen und gelben Abweichungen; man sieht aber auch schwarze Punkte in der Mitte beinah aller Schuppen, oder eigentlicher, allen Gruppen, welche die Schuppen bilden.

Die beiden Seiten des Kopfs haben eine dunkle goldgelbe Farbe; der oberste Theil desselben ist schwärzlicht blau, mit kleinen, beinah gelben Flecken; ein helleres Blau sieht man um den untern Theil der Schnauze und auf der

Balistes totus niger. Commerson.

Balistes sexduplici aculeorum ordine ad caudam utrinque, cauda margine extremo et lateribus alba. Commerson.

der Brust. Ein schwarzer beinah unbestimmter Streif geht von den Augen bis zur Basis der Brustflossen herunter. Diese Flossen, die zweite Rückenflosse, die Afterflosse und die Schwanzflosse sind weißlicht, mit schwarz eingefaßt, und endlich sieht man an der Spitze der Brustflossen und an den Seiten des Schwanzes, da wo er mit vier Reihen gekrümmter Stacheln besetzt ist, eine schöne gelbe Farbe.

Die Kiemenhaut ist durch sechs Strahlen unterstützt, welche unter einer dicken Haut liegen. Hinter der Bauchflosse sieht man mehrere Stacheln. Die Schwanzflosse ist etwas rund, und man bemerkt keine Seitenlinie *).

Die Luftblase ist silberfarbig. Der von Commerson beobachtete Fisch war ein Weibchen, und enthielt mehrere tausend Eier, und dies Weibchen war so trächtig im Januar, an den

*) In der Kiemenhaut . . 6 Strahlen.
in der ersten Rückenflosse . 3
in der zweiten . . . 25
in jeder Brustflosse . . 15
in der Afterflosse . . 24
in der Schwanzflosse . . 12

den Küsten der Isle de France, in welchen Meer auch die andern vier Gattungen gefunden werden, von denen wir hier handeln wollen.

Der Großflekkichte Hornfisch ist so wie der Grünlichte einer der größten seines Geschlechts. Seine Farbe ist braun, ins Gelbliche schielend, und auf dem Bauch heller als auf dem Rücken. Der braune Grund wird durch einen sehr großen weißen Fleck gehoben, den man an jeder Seite des Körpers sieht, wie auch durch eine weiße Linie, welche den Rand beinah aller Flossen einnimmt.

An den Seiten des Schwanzes finden sich keine Stacheln, dagegen bemerkt man an denjenigen des Kopfs ein Merkmal, welches wir noch bei keinem Hornfisch gefunden haben; nemlich an beiden Reihen sitzen sechs Reihen Warzen der Länge nach, und sind durch eine glatte Haut von einander getrennt. Die Schwanzflosse ist halbmondförmig, und die beiden Spitzen sehr lang *).

Wir

*) In der ersten Rückenflosse . 3 Strahlen.
in der zweiten . . . 27
in den Brustflossen . . 15
in der Afterflosse . . . 22
in der Schwanzflosse . . 12

Wir kommen nun zu dem schwarzen Hornfisch, dessen Name seine Farbe hinlänglich anzeigt, denn er ist wirklich am ganzen Körper heller oder dunkler schwarz, den Ring ausgenommen, den die Schwanzflosse bildet, und welcher weiß eingefaßt ist.

Ausser dieser beinah durchaus schwarzen Farbe unterscheidet sich dieser Fisch von dem Großfleckichten dadurch, daß er an beiden Seiten des Kopfs keine Warzenreihen hat, dagegen nähert er sich ihm wieder darin, daß sein Schwanz keine Stacheln hat, und sich mit einer halbmondförmigen Flosse endigt, deren Spitzen sehr lang sind *). Jenseits der sogenannten Bauchflosse sieht man mehrere kleine Stacheln.

Wir haben noch von dem Gezäumten und dem Bewafneten zu reden.

Unter

*) In der ersten Rückenflosse . 3 Strahlen.
in der zweiten . . . 34
in jeder Brustflosse . . 16
in der Afterflosse . . 32
in der Schwanzflosse . 12

Unter Commersons Zeichnungen haben wir die Figur eines Hornfischs gefunden, dessen Merkmale sich auf keine der bekannten Gattungen noch Geschlechter anwenden lassen, so wenig als auch diejenigen, die wir hier abhandeln. Da wir auch in den Handschriften gar keine Erklärung finden, die sich auf diese Figur beziehen könnte, so können wir diesen Fisch blos nach den Zügen schildern, die seine Figur uns dargeboten.

Die Rückenflosse hat drei Strahlen, wovon der erstere sehr lang, stark, und vorn gezahnt ist. Derjenige, so die sogenannte Bauchflosse vorstellt, ist artikulirt, d. h. er besteht aus mehr als einem Stück, und hinter ihm sieht man mehrere Stacheln.

Der Schwanz ist ohne Stacheln, und die Flosse desselben etwas mondförmig. Bei der Kiemenöfnung sieht man wie bei dem Sternhornfisch eine Gruppe ziemlich großer Schuppen, welche an den Deckel erinnert, den die Natur beinah allen Fischen gegeben. Die Farbe des Fisches ist überall gleich dunkel, ausgenommen am Kopf, wo auf jeder Seite ein sehr heller

Streif

Streif, bei den Brustflossen ausgeht, sich bis zur Schnauße erstreckt, die er umschlingt, und unterhalb welcher er sich in einem halben Ring, von gleichfalls sehr heller Farbe verliert. Dieser halbe Ring, die Schlinge um die Oefnung des Mundes, und die beiden Streifen, die gegen die Brustflossen zugehen, bilden zusammen eine Figur, die einem Zaum ähnlich ist, daher der Name des Gezäumten kömmt, den wir dem Fisch beigelegt haben.

Eine andere Gattung desselben Geschlechts, von welcher wir unter Commersons Manuscripten eine Zeichnung und eine kurze Beschreibung gefunden haben, nennen wir bewafneter Hornfisch.

Als dieser Reisende einen Fisch dieser Gattung, den man einige Stunden vorher gefangen hatte, untersuchen wollte, hatte das Thier bereits beinahe alle seine Farben verlohren, nur blieb noch ein weißer Streif an der Spitze und auf jeder Seite der Schwanzflosse, die etwas halbmondförmig war, übrig. Auf jeder Seitenfläche des Schwanzes sah man sechs Reihen gekrümmter Stacheln, und wegen die-

ser

ser Menge haben wir dem Thier den Namen des **Bewafneten** gegeben.

Die erste Rückenflosse war durch drei Strahlen unterstützt, und hinter dem der Bauchflosse sah man mehrere Stacheln. Hieraus erhellet leicht die Aehnlichkeit des Bewafneten mit dem Stachelschwanz; allein die besondere Vertheilung der Farben und andere Verschiedenheiten abgerechnet, die man leicht entdecken wird, hat er auf dem Schwanz eine größere Reihe gekrümmter Stacheln, und die so dessen Bauchflosse begleiten, sind kleiner und kürzer.

Der graue Hornfisch *).
(Baliste cendré).

Dieser Fisch wird gleichfalls in der See bei Isle de France gefunden; er hat einen sehr großen Kopf; die Hauptfarbe ist aschgrau, und man kann ihn leicht von allen Hornfischen des dritten Untergeschlechts, durch die vier Strahlen unterscheiden, woraus seine erste Rückenflosse besteht. Ferner unterscheidet man ihn leicht von allen bekannten Hornfischen seiner Familie, wenn man zu ersterem Kennzeichen noch drei blaue gekrümmte Streifen setzt, welche auf jeder Seite des Schwanzes sitzen, wie auch einen schwarzen Streif, der von jedem Auge bis zur nächsten Brustflosse geht.

Ausser

*) Baliste cendré. Sonnerat Journal de Physique. T. 4. p. 78.
Id. Bonnaterre planches de l'Encyclopédie.

Ausser den drei blauen Streifen sieht man auf beiden Seiten des Schwanzes auch Stacheln. Von diesem Fisch hat Sommerat die erste Beschreibung, und Commerson die Zeichnung geliefert *).

*) In der ersten Rückenflosse 4 Strahlen.
in der zweiten . . . 24
in den Brustflossen . . 14
in der Afterflosse . . 21
in der etwas runden Schwanzflosse 12

Der Assasi *).
(Baliste Assasi).

An den Küsten Arabiens hat Forskael diesen Fisch beobachtet, welcher eine Menge brauner Warzen auf dem Körper, und auf jeder Seite des Schwanzes drei Reihen schwarzer Warzen hat.

Man bemerkt an diesem Fisch, dessen Fleisch gegessen wird, ohnerachtet es nicht sehr schmackhaft ist, eine ziemlich regelmäßige, manniafaltige und angenehme Vertheilung der Farben. Der vordere Theil seines Körpers ist braun, der untere weiß, und auf diesem zwei-

*) Forskael faun. arab. p. 75. n. 112. Baliste Assasi. Linné ed. Gmelin.

zweifachen Grund sieht man einen gelben Ring um die Lippen; vier blaue und drei schwarze Queerstreifen abwechselnd vor den Augen; einen dunkeln Streif der von dem Mund bis zu jeder Brustflosse geht; jeder dieser dunkeln Streifen ist mit einem gelben, gezackten, und mit einem schwarzen gleichfalls gezackten umgeben, und mit einem blauen Rand eingefaßt. Auf dem Schwanz bemerkt man einen länglichten weißen Fleck; ein anderer schwarzer, mit Gelb eingefaßter, sitzt beim After, und beinah alle Flossen haben eine röthliche Farbe.

Der Einhornfisch *).
(Baliste Monocéros).

Wir kommen nun zu dem vierten Unterge-schlecht der Hornfische, bei welchem wir, in der ersten

*) Balistes monoceros. Linné ed. Gmelin.
Baliste monoceros. Daubenton Encyclopédie methodique.
Id. Bonnaterre planches de l'Encyclopédie.
Blochs Naturgesch. auslaend. Fische. Ir Theil. p. 12. pl. 147.
Balistes monoceros. Obs. It. 110.
Capriscus longus &c. Klein Miss. pisc. 3. p. 25. n. 10.
Acaramucu. Marcgr. Brasil. p. 163.
Willoughby Ichthyol. p. 336. tab. E. 2. fig. 2.

ersten Rücken= und Bauchflosse nur einen Strahl finden werden. An die Spitze dieses Untergeschlechts setzen wir den Einhornfisch.

Der Name Einhorn (Monoceros) welcher das einige Horn andeutet, so man auf dem Rücken des Fischs bemerkt, ist mehrern Hornfischen beigelegt worden. Plumier hat ihn, wie wir gesehen, dem Chinesischen beigelegt; wir hingegen folgen dem Beispiel Linnés und anderer Naturforscher, und legen ihn blos derjenigen Gattung bei, die wir hier beschreiben.

Der Einhornfisch; den man in den warmen Gewässern Asiens, und des neuen festen Landes findet, erreicht gewöhnlich eine Länge von einem Schuh. Seine Farbe ist braun und grau, die braune ist auf der Schwanzflosse in drei Queerstreifen vertheilt, die um so stärker abstechen, da der Grund dieser, so wie allen übrigen Flossen, und des Augensterns Goldgelb ist.

Der Raum zwischen den Augen ist über der Oefnung des Mundes erhabener, als bei

mehrern

mehrern andern Hornfischen, der Strahl, welcher die erste Rückenflosse vorstellt, ist sehr lang, gegen den Schwanz zu gekrümmt, und wird durch eine kleine Haut gehalten, welche den hintern Theil seiner Basis an den Rükken befestigt. An beiden Seiten ist er mit Stacheln versehen, die nach unterwärts gekrümmt sind.

Die Afterflosse und die zweite Rückenflosse enthalten eine ziemliche Anzahl Strahlen *).

Der Einhornfisch lebt von Polypen und jungen Krabben.

Es scheint als wenn man noch einen andern Fisch zu dieser Gattung rechnen könnte, der eine große Aehnlichkeit mit dem Einhornfisch hat, aber eine Länge von ohngefähr drei Schuh erreicht, schwarze, rothe und blaue Buchstaben artige Flecken hat, und dem man wegen

*) In der zweiten Rückenflosse 48 Strahlen
in den Brustflossen . . 15
in der Afterflosse . 51
in der runden Schwanzflosse . 12

wegen dieser Farben-Vertheilung den Namen des beschriebenen Hornfischs beigelegt*).

Dieser Hornfisch, welcher mannigfaltigere Farben hat, als der gemeine Einhornfisch, nährt sich häufig mit Schaalthieren, und solchen, welche die Korallen bauen. Sein Fleisch wird für ungesund, und gar für giftig gehalten, wahrscheinlich wegen den Wirkungen der Nahrungsmittel die er vorzieht.

*) Balistes monoceros scriptus. Linné ed. Gmelin.

Obs. Chin. p. 144.

Unicorum piscis bahamensis. Catesby Carol. tab. 19.

Die Saubürste *).
(Baliste herissé).

Dieser Fisch ist auf dem ganzen Körper schwarzbraün, ausgenommen die Brustflossen, die zweite Rückenflosse und die Afterflosse, welche gewöhnlich blaßgelb sind. Man findet ihn in den Indischen Meeren, besonders bei der

*) Balistes hispidus. Linné ed. Gmelin.

Baliste heressé. Daubenton Encyclopédie methodique.

Id. Bonnaterre planches de l'Encyclopédie.

Seba Mus. 3. tab. 34. fig. 2.

Porte-vergette. Balistes e fusco nigrescens, capitis radio singulari, undequaqua spinuloso; lateribus caudae setis acicularibus centum circiter, scoparum more compactis. Commerson angeführte Manuscripte.

der Isle de France, wo er von Commerson sehr gut beobachtet worden. Auch findet man ihn an den Ufern von Karolina, wo er öfters noch einen schwarzen Flecken mit einem hellen Kreis umgeben, auf dem Schwanz hat.

Seine Höhe ist ohngefähr der Hälfte seiner ganzen Länge gleich. Der Augenstern scheint hellbraun, und der Augapfel bläulicht. Der Strahl der ersten Rückenflosse ist ausserordentlich lang, dick, und mit mehrern aber kürzern Stacheln versehen, als bei dem Einhorn *). Der Strahl, welcher die sogenannte Bauchflosse bildet, ist mit längern und stärkern Stacheln besetzt.

Auf jeder Seite des Schwanzes, und ein wenig vor der Schwanzflosse sieht man an hundert kleine, gegen den Kopf zugekrümmte Stacheln, die so sitzen, daß Commerson sie mit einer Bürste verglichen, und den Fisch Bürstenträger (porte vergette) genennt hat. Eben

*) In der zweiten Rückenflosse 27 Strahlen.
in den Brustflossen . . 13
in der Afterflosse . . 24
in der Schwanzflosse . 12

Eben dieser Reisende erzählt, daß dieser Fisch sich seiner Menge kleiner Stacheln, wie eben so vieler Haken bedient, um sich in den Ritzen der Felsen, wo er eine Zuflucht sucht, anzuklammern. Er ist daher auch sehr schwer zu fangen, und Commerson hatte denjenigen, den er untersuchte, blos dem heftigen Sturm zu danken, der im Jahr 1772 Isle de France verheerte, und diesen Fisch an die Küste warf.

Er hat übrigens sogar noch auf der Schwanzflosse mehrere noch kleinere Stacheln, und die eher dem Gefühl als dem Gesicht merkbar sind.

Man bemerkt keine Seitenlinie an ihm; die Schwanzflosse ist etwas rund.

Achte Ordnung
der allgemeinen Klasse der Fische,
oder
Vierte Ordnung
der zweiten Abtheilung der Knorpelfische.

Bauchflossen; solche, welche Flossen unter dem Bauch sitzen haben.

Siebentes Geschlecht.
See-Razen.

Eine einzige Kiemenöfnung an jeder Seite des Halses, einen langen Schwanz, der sich in eine borstenartige Spitze endigt.

Gattungen.	Kennzeichen.
1. See-Raze. (Chimére arctique.)	Poröse Falten an der Schnauze.
2. Seehahn. (Chimére antarctique.)	Die Schnauze mit einem langen Anhängsel versehen.

Die

Die See-Raze *).

(Chimére arctique).

Dieser große Knorpelfisch ist wegen seiner sonderbaren Bildung merkwürdig, die ihn den Na-

*) Chimaera monstrosa. Linné ed. Gmelin.
Roi des harengs du nord. Daubenton Encyclopédie methodique.
Id. Bonnaterre planches de l'Encyclopédie.
Fauna suecica. 294.
Gunner Act. nidros. 2. p. 270. tab. 5. 6.
Müller prodr. Zool. danicae. p. 38. n. 320.
Olaff. Island. I. 192.

Blochs

Namen Chimäre, (Chimaera), und von Linné und andern Naturforschern sogar den Chimaera monstrosa zugezogen. Auch hat er von seinen Gewohnheiten her, denjenigen des Seeaffen erhalten.

Die

Blochs Naturgesch. der auslaend. Fische Ir Th. f. 61. pl. 124.

Mus ad fr. 1. p. 53. tab. 25.

Chimaera argentea. Linné (mas). Ascan. icon. rerum natur. tab. 15.

Galeus acanthias Clusii exoticus. Willoughby Ichthyol. p 57. tab. 13. 9. fig. 9.

Raj. pisc. 23. n. 15.

Gessner Aquat. p 877. Icon. anim. p. 153.

Simia marina. Jonst. pisc. p. 29. tab. 1. fig. 6.

Centrina prima, centrina vera, simia marina dicta. Aldrovand pisc. p 402. 403. 405.

Vulpecnla. Stroem. Soendm. p. 289.

Man hat ganz irrig den von Artedi unter dem Namen Hay, dessen Schwanz länger als der Körper (gen. 68). beschriebenen Fisch mit der Seeratze verwechselt; denn es ist klar, daß dieser Schriftsteller denjenigen Hay darunter versteht, den wir Seefuchs nennen.

Die Behendigkeit und Sonderbarkeit seiner Bewegungen, die Beweglichkeit seines sehr langen und dünnen Schwanzes, die Art, wie er sehr oft die Zähne zeigt, und diejenige, wie er die verschiedenen biegsamen Theile seiner Schnautze possierlich bewegen kann, mußten die Beobachter an den Gang, die Gebehrden und Sprünge der bekanntesten Affen erinnern.

Andererseits ist bekannt, daß die Einbildungskraft der alten Dichter, dem furchtbaren Thier, das sie Chimaera nannten, einen Löwenkopf und einen Schlangenschwanz gegeben hat. Der lange Schwanz dieses Fisches gleicht demjenigen eines kriechenden Thiers, und die Stellung, so wie die Länge der ersten Strahlen der Rückenflossen, stellen, obgleich sehr unvollkommen eine Art Mähne vor, die hinter dem Kopf sitzt, der so wie der des Löwen gleichfalls sehr dick ist, und auf dessen Höhe, man bei dem Männchen eine kleine Faser wahrnimmt, an welcher ein kleines Büschel dünner Faden hängt.

Im übrigen bemerkt man an den verschiedenen Theilen des Körpers dieses Fischs

Verhältnisse, die man selten bei den Fischen überhaupt antrift, und die ihm den ersten Anblick nach das Ansehen eines Ungeheuers geben. Endlich trägt die besondere Bildung der Zeugungstheile beider Geschlechter, und besonders die äußere Beschaffenheit dieser Theile, vieles bei, daß man dem ersten Anblick nach die Seeratze für ein Ungeheuer halten mögte, und sie daher mit angestrengter Aufmerksamkeit zu untersuchen bewogen wird.

Man hat z. B. ihren Kopf dem des Löwen verglichen, und wollte ihn dem zufolg krönen, wie denjenigen des leztern. Der Löwe wird für den König der Thiere gehalten; auch der Chimaera hat man ein Reich gegeben, und da man ihre Macht nur auf eine Gattung ausdehnen konnte, so gab man ihr eine der zahlreichsten, und mehrere Schriftsteller nannten sie den König der Heeringe, deren unzählige Schaaren sie in Bewegung sezt und verfolgt.

Man kennt bis jezt in diesem Geschlecht nur zwei Gattungen, die Seeratze, mit der wir uns hier beschäftigen, und den Seehahn.

Ihre

Ihre Benennungen *) bezeichnen die Gegenden des Erdballs den sie bewohnen, wobei abermals merkwürdig, daß beide Gattungen, die so große Aehnlichkeiten in ihren Formen und Gewohnheiten haben, durch die größten Entfernungen von einander getrennt sind, so daß man die eine nur in den Gewässern um den Nordpol herum, und die andere in demjenigen Theil der Südsee antrift, die dem Südpol nahe ist.

Man sollte denken, daß sie sich in die beiden Eiszonen getheilt haben, denn beide Gattungen nähern sich nur selten den gemäßigten Temperaturen, und gefallen sich gleichsam nur mitten zwischen den Eisbergen, und unter den Stürmen, welche häufig in diesen Gegenden wüthen. Wenn sich auch zuweilen die südliche Seeratze mitten durch die Wellen der Südsee den Wendezirkeln mehr nähert, als die Nördliche, so rührt es daher, weil die südliche Halbkugel kälter ist, als die, so wir bewohnen, und

*) Das heißt die französischen Chimére arctique und Chimére antarctique.

A. d. Ueb.

in gleicher Entfernung von dem Aequator eine weniger warme Temperatur hat; folglich kann die südliche Seeratze in dieser Gegend obgleich in einer grossen Nähe bei dem heissen Erdgürtel, denselben Grad der Kälte, dieselbe Beschaffenheit und Menge der Nahrungsmittel, und dieselbe Bequemlichkeit zur Befruchtung ihrer Eier finden wir in der nördlichen Halbkugel.

Bevor wir uns aber mit der südlichen Seeratze beschäftigen, wollen wir unsere Aufmerksamkeit vorerst auf die nördliche wenden, welche von weitem ziemlich einem Hayen ähnlich sieht, und wenigstens eine Länge von dreissig Schuh erreicht.

Der Körper derselben ist auf den Seiten ein wenig zusammengedrückt, lang, und die Dicke desselben nimmt von den Brustflossen an bis zur Schwanzspitze merklich ab. Die Haut, die ihn bedeckt, ist biegsam, glatt, und die Schuppen darauf so klein, daß man sie kaum fühlt. Dabei haben sie eine starke Silberfarbe, daß der ganze Körper einen ziemlich lebhaften Glanz von sich giebt. Zuweilen wird die

die glänzende Weiße dieses Silbergrunds noch durch braune Flecken erhoben.

Der Kopf ist groß, und stellt eine Art Pyramide vor, wovon das Ende der Schnautze die Spitze vorstellt, und deren Gipfel beinah in gleicher Höhe mit den Augen steht. Das weiche biegsame Fell, so ihn bedeckt, ist an der untern Seite größtentheils gefaltet, und an eben diesem Theil, so wie auf den Seiten mit einer ziemlichen Menge großer runder Poren durchlöchert, welche beim Zusammendrücken eine mehr oder weniger häufige klebrige Feuchtigkeit von sich geben.

Die Augen sind sehr dick, und in einer kleinen Entfernung von denselben sieht man auf jeder Seite des Körpers eine weiße Seitenlinie, welche zuweilen mit Braun eingefaßt ist, und sich bis gegen die Mitte des Schwanzes erstreckt, sich daselbst an den untern Theil des Thiers hinabschlängelt, und sich daselbst mit der Seitenlinie der entgegengesetzten Seite vereinigt. Gegen der Kopf zu theilt sich die Seitenlinie in mehrere, mehr oder weniger bogichte Zweige, deren einer längs dem Rücken hin-

hinläuft, und sich mit einem ähnlichen Zweig der entgegengesetzten Seitenlinie verbindet. Zwei andere Zweige umschlingen das Auge, und begegnen sich wieder an der Spitze der Schnautze, ein Vierter geht bis zum Schließpunkt des Mundes, und ein Fünfter über ihm schlängelt sich an dem untern Theil der Schnautze hin, wo er sich mit einem ähnlichen Zweig vereinigt, der von der entgegengesetzten Seite herkömmt. Alle diese Zweige machen mehr oder weniger tiefe Furchen, welche durch runde Poren mehr oder minder unterbrochen sind.

Die Brustflossen sind sehr groß, etwas sichelförmig, und an ein fleischichtes Gelenk befestigt. Die Rückenflosse hat vorn einen dreieckichten, sehr langen, harten, und hinten gezahnten Strahl; ihre Höhe vermindert sich alsdann plötzlich, um sich denn wieder zu erheben, nnd erstreckt sich ziemlich weit über den After hinaus, ohngefähr immer in derselben Höhe. Dort wird sie durch eine wenig bemerkliche Unterbrechung zuweilen in eine Art zweiter Rückenflosse geschieden, deren Strahlen vorn eben so lang als die hintern der erstern Flosse, sich aber nachher unmerklich gegen die

Spitze

Spitze des Schwanzes zu verlieren, und verschwinden. Manchmal ist keine solche Unterbrechung vorhanden, und statt alsdann mit einigen Naturforschern drei Flossen auf dem Rücken der nördlichen Seeratze zu zählen, sieht man deren nur eine einzige.

Das Schwanz-Ende verliert sich in eine borstenartige dünne Spitze. Es sind zwei Afterflossen vorhanden, die erste, welche sehr kurz und sichelförmig, fängt erst jenseits dem Vereinigungspunkte der Seitenlinien an; die zweite ist sehr schmal und kurz, die Bauchflossen sitzen um den After herum, und sind wie die Brustflossen an ein fleischichtes Gelenk befestigt.

Der Mund ist klein, und man sieht in jeder Kinnlade zwei knochichte Reife mit schneidendem Zahn, und die tief genug eingeschnitten sind, daß sie eine Reihe gut von einander abgetheilter Schneidezähne gleichen. Am Gaumen bemerkt man noch zwei Zähne, die gewöhnlich flach und dreieckicht sind.

Ausser dem kleinen Büschel, welcher, wie gesagt, an der Schnautzenspitze des Männchens hängt,

hängt, hat er noch vor den Bauchflossen eine Art kleiner Füße oder Anhängsel, mit Nägeln versehen, welche dazu dienen, das Weibchen bei der Begattung festzuhalten.

Die Seeratze begattet sich demnach wie die Rochen und Hayen; die Eier werden im Bauch der Mutter befruchtet, und es ist zu vermuthen, daß sie am öftersten auch darin auskriechen, wie die der Rochen und Hayen. Merkwürdig ist jedoch, daß die Seeratzen unter allen bisher bekannten Fischen ihre Eier nicht nur während einer wirklichen Begattung sondern während einer innigern Vereinigung und eigentlichen Beiwohnung zu befruchten scheinen. Hierdurch würde die Klasse der Fische mit derjenigen der Schlangen verbunden, und die Seeratzen erscheinen als ausserordentliche und sonderbare Wesen.

Wirklich haben mehrere Schriftsteller behauptet, daß die männlichen Seeratzen eine Art doppelter Ruthe haben, und ich sah bei einem ziemlich großen Weibchen, etwas über dem After zwei sehr nahe an einander stehende Theile, welche vorragten, rund, ziemlich groß,

hau-

hauticht, faltícht und ausdehnbar waren, und beide machten den Ursprung einer Höhlung aus, der ich bis in den dazu gehörigen Eierstock folgte.

Man kann also diese beiden Theile für ein doppelt weibliches Zeugungsglied halten, welches bestimmt ist, das doppelte Glied des Männchens aufzunehmen. Wir halten uns um so mehr verpflichtet, dieses bekannt zu machen, da diese Bildung bei vielen Thierklassen sehr selten, und von derjenigen weit verschieden ist, die man gewöhnlich an den weiblichen Zeugungstheilen der Fische bemerkt.

Diese so sonderbar gebildete Seeratze lebt wie gesagt mitten in dem nördlichen Ozean, und nähert sich nur selten den Ufern. Nur zur Begattungszeit verläßt dieser Fisch die hohe See, übrigens hält er sich beinah beständig in der Tiefe auf, und nähert sich daselbst mit Seekrebsen, Mollusken und Schaalthieren. Auf die Oberfläche des Wassers kömmt er selten anders als zur Nachtzeit, weil seine großen und empfindlichen Augen den Glanz des Tageslichts, welcher noch durch die Reflexion des Pol Eises vermehrt wird, nicht gut ertragen können.

Man hat ihn jedoch gesehen, die unzähligen Legionen Heeringe angreifen, mit welchen das Nordmeer zu gewissen Jahreszeiten bedeckt ist, und bemerkt, wie er sie verfolgte, und mehrere dieser schwachen Thiere zu seiner Beute machte.

Die Norweger und andere Bewohner der nördlichen Küsten, denen er sich zuweilen nähert, essen seine Eier und seine Leber, mehr oder weniger zubereitet.

Der Seehahn *).
(Chimére antarctique).

Diese Chimäre, welche sich in den südlichen Meeren, hauptsächlich an den Küsten von Chili

*) Chalgua, Achagual in Araukanischer Sprache.

Chimaera Callorhinchus. Linné ed. Gmelin.

Roi des harengs du Sud. Daubenton Encyclopedie methodique.

Id. Bonnaterre planches de l'Encyclopédie.

Callor-

Chili und Neuholland aufhält, ist in ihren Gewohnheiten und an Bildung der vorigen sehr ähnlich, doch unterscheidet sie sich von ihr in mehrern Punkten, die wir hier in der Beschreibung eines solchen Fischs angeben wollen, welcher von dem berühmten Reisenden Dombey aus Südamerika gebracht worden.

Ihre Haut ist wie die der nördlichen Seeratze weiß, glatt, und silberfarbig; der Körper ist gleichfalls sehr lang, und in der Gegend der Brustflossen am dicksten. Die Seitenlinie aber vereinigt sich nicht mit der von der entgegengesetzten Seite, sondern endigt sich bei der Afterflosse; die borstenartige Spitze am Schwanz ist kürzer als bei ersterer, und auf dem Rücken sieht man ganz deutlich drei Flossen, die vollkommen von einander getrennt sind,

Callorhinchus. Gronov. Mus. 59. n. 130. tab. 4.

Pejegallo. Frez. It. I. p. 211. tab. 17. fig. 4.

Elephant-Fish. Ellis premier voyage de Cook.

Poisson coq. Essai sur l'Histoire naturelle du Chili par Molina. p. 207.

sind, und wovon die leztere sehr niedrig, die zweite sichelförmig, so wie die erste, und diese erstere gegen den Kopf zu, durch einen langen, starken und sehr harten Strahl unterstüzt wird.

Die Brust- und Bauchflossen sind an gewissen fleischichten Gelenken befestigt; der Kopf ist rund, und man bemerkt an ihm mehrere Zweige der beiden Seitenlinien, die sich an dessen Seiten hinschlängeln, sich um die Augen schlingen, nach den Lippen oder der Schnauze zulaufen, oder sich mit einander vereinigen. Aber diese Zweige sind nicht furchenartig hohl, haben auch nicht dieselbe Richtung, wie bei der nördlichen Chimäre. Das eigentliche unterscheidende Kennzeichen dieses Fischs besteht aber darin, daß die Schnauzenspitze, und gewissermaßen die Oberlippe, sich in ein knorpelichtes Anhängsel endigt, welches vorragt, und sich nachher gegen den Mund herunter krümmt.

Diese Vorragung wurde von einigen Naturforschern mit einem Hahnenkamm verglichen, woher der Name Seehahn (poisson coq) ent-

entstund; andere verglichen ihn mit einem Elephantenrüssel, und so entstund die Benennung Elephantenfisch; (poisson éléphant.)

Das Fleisch dieses Fischs wird zwar zuweilen gegessen, ist aber unschmackhaft. Gewöhnlich erreicht er eine Länge von drei Schuh.

Dritte Abtheilung.

Knorpelfische, mit einem Kiemendeckel ohne Kiemenhaut.

Zwölfte Ordnung
der allgemeinen Klasse der Fische,

oder

Vierte Ordnung
der dritten Abtheilung der Knorpelfische.

Bauchflosser, oder solche, die zween Flossen an dem Bauch haben.

Achtes Geschlecht.
Vielzahn.
(Polyodon).

Zähne in den Kinnladen und im Gaumen.

Blatt=

Gattungen.	Kennzeichen.
Blatt-Vielzahn. (Polyodon feuille.)	Die Schnautze beinah so lang als der Körper, und auf jeder Seite mit einem hautichten Streif besezt, dessen Gewebe demjenigen der Baumblätter etwas ähnlich ist.

Der

Der Blatt-Vielzahn.

(Polyodon feuille).

Schon seit langer Zeit bewahrt man in dem Museum der Naturgeschichte mehrere Fische dieser Gattung, die unter der Benennung Blatt-Seehund (chien de mer feuille) eingesandt, und von Broussonnet sogar unter diesem Namen in der Encyclopedie methodique angezeigt worden, der sie nur durch dicke Gläser von weiten gesehen, und keine Beschreibung davon geben konnte.

Nachdem ich diese Fische genauer untersucht, erkannte ich sehr bald, daß sie zur Unterterklasse der Knorpelfische gehörten, und viele Aehnlichkeit in der Bildung mit den Hayen haben, daß sie aber dennoch zu einem von diesem leztern ganz verschiedenen Geschlecht gehörten.

Die Hayen haben an jeder Seite wenigstens vier Kiemenöfnungen, statt daß diese Vielzähne nur eine auf jeder Seite haben, überdies sind die Kiemen der Hayen und die der Vielzähne, wie man sehen wird, verschieden eingerichtet, und endlich haben die Fische, wovon hier die Rede ist, einen sehr großen Dekkel auf ihren Kiemenöfnungen, die Hayen hingegen keinen.

Wir haben demnach die Vielzähne von den Hayen abgesondert, und da ihre Kiemenöfnungen mit einem Deckel versehen sind, wobei sie aber keine Kiemenhaut haben, so glaubten wir sie in die zweite Abtheilung der Knorpelfische setzen zu müssen. Die eigentlichen Bauchflossen, welche unter dem Bauch dieser Thiere sitzen, bestimmen übrigens ihre Stelle in der Ordnung der Bauchflosser dieser zweiten Abtheilung, und da diese Ordnung bis jezt nur

nur das Geschlecht der Störe begriffen, so wären diese die einzigen, mit denen man die Vielzähne verwechseln könnte. Allein die Stöhre haben keine eigentlichen Zähne, die Vielzähne hingegen haben deren eine Menge; so daß wir gezwungen waren, letztere unter ein besonderes Geschlecht zu bringen, daß bisher noch nicht anerkannt war, und dem ich den Namen Polyodon gegeben, der die große Anzahl seiner Zähne andeutet, und zugleich das charakteristische Kennzeichen angiebt, wodurch es sich von allen Fischen derselben Ordnung am besten unterscheidet.

Der Vielzahn ist bisher die einzige bekannte Fischgattung, welche zu diesem Geschlecht gehört. Man kann ihn an seiner langen Schnautze leicht erkennen, indem deren Länge beinah derjenigen des Kopfs, des Schwanzes und des Körpers gleich kömmt. Diese lange Schnautze würde auch sehr schmal seyn, und dem des Sägefischs gleichen, den wir in der Folge abhandeln werden, wenn sie nicht auf jeder Seite durch eine Art hautigtes Band breiter gemacht würde. Diese beiden Bänder sind leicht abgerundet, so daß die ganze Schnautze ohngefähr die Form eines Spatels hat; auf ihrer Oberfläche sieht man eine Menge kleiner zweigartiger Gefäße, deren Gewebe mit derjegen der Blätter verglichen werden kann, daher auch der Name Blatt (feuille) kommt, den wir diesen Vielzahn gelassen haben.

Die Oefnung des Mundes ist vorn rund, und sitzt an dem untern Theil des Kopfs. Die obere Kinnlade ist mit zwei Reihen starker, dichter und hakichter Zähne besetzt, in der untern bemerkt man deren nur eine; dagegen sieht man auf zwei kleinen runden Knorpeln, welche zum Gaumen gehören, gleichfalls Zähne, so wie auch ganz kleine auf dem vordern Theil der beiden ersten Kiemen auf jeder Seite.

Die Nasenlöcher sind doppelt, und sitzen sehr nahe vor den Augen. Jeder der beiden Kiemendeckel ist sehr groß, bedeckt die Seite des Kopfs, reicht gegen die Spitze der Schnautze, bis jenseits den Augen vor, die er umgiebt, und endigt sich auf der Seite des Schwanzes mit einem dreieckichten Stück, welches viel weicher ist, als der übrige Deckel. Hebt man ihn in die Höhe, so erblickt man eine weite

Oef

Oefnung, und jenseits derselben fünf knorpelichte halb ovale Kiemen, die an ihren beiden Rändern mit Franzen besetzt sind, die äussere Franze der vierten ist halb, und die der fünften ganz in eine Haut eingefügt, die an dem nächsten Theil des Kopfs befestigt ist, aber die drei erstern sind frei, welches man nicht bey den Hayen findet.

Die beiden Kiemenöfnungen vereinigen sich an dem untern Theil des Kopfs, und schließen sich dort an eine weiche Haut an, welche die beiden Deckel mit einander verbindet.

Die Brustflossen sind klein; auf dem Rükken sitzt nur eine, die ein wenig sichelförmig ist, und der Anfang ihrer Basis ist etwas oberhalb der Bauchflossen. Die Afterflosse ist ziemlich groß, und die des Schwanzes in zwei Flügel abgetheilt, wovon der obere die beiden Seiten des eigentlichen Schwanzes, der aufwärts gerichtet ist, besetzt, der untere hingegen verlängert sich so, daß er mit ersterm einen großen halben Mond bildet.

Man sieht eine sehr deutliche Seitenlinie, die sich von dem Kiemendeckel an bis zur

Schwanz-

Schwanzflosse erstreckt, auf der Haut sind aber weder Warzen noch Schuppen genau zu bemerken.

Da die Fische, die ich untersucht, in Alkohol aufbewahrt waren, so konnte ich die Farbe des Blatt Vielzahns nicht genau entdecken. Der Körper schien weder Streifen, Flecken noch Bänder gehabt zu haben, aber die Kiemendeckel waren noch mit kleinen, runden, und ziemlich regelmäßigen Flecken besäet.

Das Innere dieses Fischs, den ich zerlegt habe, zeigte mir gar keinen besonderen Aehnlichkeitszug, ausgenommen die Gegenwart einer ziemlich großen Luftblase, wodurch dies Geschlecht sich demjenigen der Stöhre nähert, und von den Hayen sich entfernt.

Die größten Blattvielzähne, die ich gesehen, waren nicht viel über zehn bis eilf Zoll lang, hatten aber alle Anzeigen einer sehr großen Jugend an sich. Man kann daher vermuthen, daß die Gattung, die wir hier beschreiben, eine beträchtlichere Größe erreicht, als die wir hier angeben.

Wir

Wir können auch sehr wenig Gewisses über deren Gewohnheiten sagen, weil wir hierüber so wenig, als über die Meere, die sie bewohnen, einige Nachricht haben. Alles, was wir sagen können, beschränkt sich darauf, daß sie vermöge der Bildung dieses Vielzahns in dieser Rücksicht gewissermaßen das Mittel zwischen den Hayen und den Stöhren halten müssen.

Dem ersten Anblick nach sollte man glauben, daß der Blattvielzahn von seinem langen Rüssel denselben Gebrauch machen kann, wie der Sägefisch von den seinigen. Allein bey letzterm ist dieser Rüssel gleichsam knochicht, und in allen seinen Theilen sehr hart, auch ist sie zu beiden Seiten mit langen starken Zähnen versehen, statt daß der Rüssel des Blattvielzahns nur in seiner Mitte hart und fest, an den Seiten aber blos mit mehr oder minder biegsamen Häuten besetzt ist. Vielmehr könnte man die Wirkung dieser Verlängerung derjenigen des Schwerdtfisches (Xiphias espadou) vergleichen, mit der sie eine große Aehnlichkeit hätte, wenn sie nicht von einem Ende zum andern mit weichen hautichten Streifen besetzt wäre.

Wenn man sich übrigens dessen erinnert, was wir in der Abhandlung über die Natur der Fische, über das Schwimmen dieser Thiere gesagt haben, so wird man leicht erkennen, daß diese unmäßige Verlängerung des Kopfs des Blattvielzahns der Schnelligkeit seiner Bewegungen sehr hinderlich seyn muß.

Neuntes Geschlecht.
Stöhre.

Die Oefnung des Mundes am untern Theil des Kopfs zurückgehend, und zahnlos; Bartfasern vorn an dem Mund; der Körper lang, und mit mehrern Reihen harter Schaalen besezt.

Erstes Untergeschlecht.
Gespaltene Lippen.

Gattungen.	Kennzeichen.
1. Der Stöhr. (Acipensére esturgeon.)	Vier Bartfasern, die näher, oder eben so nah an der Spitze der Schnauze, wie an der Oefnung des Mundes sitzen.

Zwei

Zweites Untergeschlecht.

Ungespaltene Lippen.

Gattungen.	Kennzeichen.
2. Der Hausen. (Acipensére Huso.)	Die Schnautze ohngefähr so lang, als der große Durchmesser der Oefnung des Mundes.
3. Der Sterlet. (Acipensére Strelet.)	Die Schnautze drei bis viermal länger als der große Durchmesser des Mundes.
4. Der Stern-Stöhr. (Acipensére étoilé.)	Die Schnautze etwas gebogen, gegen die Spitze zu breiter, und fünf bis sechsmal länger, als der große Durchmesser der Oefnung des Mundes.

Der

Der Stöhr. *).

(Acipensére esturgeon).

Man kann die Stöhre unter die grösten Fische rechnen, denn einige von ihnen erreichen wirk-

*) Esturgeon in mehrern südlichen Departementern.

Sturium und Créac in andern.

Porcelleto, Adello, Adano, Adeno, Attilus, Sturione in Italien.

The Sturgeon in England.

Stent, in Flandern.

Store in Dännemark.

Stor in Schweden.

Acipenser sturio. Linné ed. Gmelin.

Guldenst. nov. Comm. petrop. 16. p. 532.

Blochs

wirklich eine Länge von mehr als fünf und zwanzig Schuh. Ohneractet sie aber den größten

Blochs Naturgesch. der Fische Deutschlands 3r Th. p. 89. pl. 88.

Acipe esturgeon. Daubenton Encyclopédie methodique.

Id. Bonnaterre planches de l'Encyclopédie.

Mus. ad. fr. 1. p. 54. tab. 18. fig. 2.

Fauna Suecica 299.

It. Scan. 187.

Müller Prod. Zool. danicae p. 31. n. 322.

Acipenser corpore tuberculis spinosis exasperato. Artedi gen. 65. Syn. 91.

Gronov. Mus. 1. p. 60. n. 131. Zooph. p. 39 n 140.

Klein Miss. pisc. 4. p. 12. n. 1. p. 13. n. 2.

Acipenser. Gessner Aquat. 2.

Estourgeon. Rondelet 1en partie. liv. 14. ch. 8.

Adillo du pau. Id. IIde partie des poissons de riviere ch. 4.

Cops. Id. ib. ch. 5.

Sturio sive silurus. Salo. Aquat. p. 113.

Athen. 8. p. 315.

Seba

grösten Theil der Hanen an Länge gleich kommen, mit denen sie übrigens in der äussern Bildung viele Aehnlichkeit haben, und ob sie gleich mit ihnen mitten in den Wellen wohnen, so haben sie doch bei weitem nicht deren Macht.

Da sie ein zarteres Fleisch, und biegsamere weichere Muskeln haben, so ist ihnen auch eine geringere Kraft zu Theil worden, und ihr kleinerer Mund hat nichts als mehr oder weniger harte Knorpel, statt mehrerer Reihen langer, scharfer und spitziger Zähne.

Die

Seba Mus. 3. tab. 29. fig. 19.
Esturgeon. Bellon. Aquat. p. 89.
Britt. zool. 3. p. 96. n 1.
Willoughby Ichthyol. 239. tab. p. 7. fig. 3.
Raj. pisc. 112.
Schirk. Kram. El. 383.
Stoer. Sanders Naturf. 15. p. 165.
Plinii hist. mundi lib. 9. c. 15.
Schonev. p. 9.
Blas. nat. p 259. tab. 49. fig. 2, 3, 12.
Aldrovand lib. 4. cap. 9. p. 517. 526.
Jonston lib. 2, tit. 1. c. 7, tab. 23. fig. 8. 9.
Charleton, p. 152.

Die Stöhre sind daher nur solchen Fischen gefährlich, die zu klein oder zu schwach sind; und sie nähren sich ausserdem oft mit Würmern, haben keinen heftigen Appetit, und ihre Gewohnheiten sind sanft und friedfertig.

Wegen ihrer außerordentlichen Fruchtbarkeit, sind sie in allen Meeren, und beinah in allen großen Flüssen des Erdbodens, gleich Friedensboten einer schaffenden und erhaltenden Macht zerstreut, so wie die Hayen die Agenten der Zerstörung sind.

Sollte nicht dieser Unterschied blos allein dem Mangel der mörderischen Zähne zugeschrieben werden können, mit denen der Rachen der Hayen besezt ist? Man entreiße dem wildesten Thier seine Waffen, so wird die Nothwendigkeit jene furchtbare Wuth, die es verzehrte, bald dämpfen, es wird gezwungen einer Beute zu entsagen, die es nicht mehr überwinden kann, neue Gewohnheiten annehmen, vorsichtiger werden als vorher, Zufluchtsörter suchen, die ihm vorher unnütz waren, es wird durch andere Nahrungsmittel ganz neue Säfte erhalten, und nach einigen Generationen in seiner

ner ganzen Organisation so verändert seyn, daß man blos Schwäche in seinen Neigungen, Vorsicht in seinem Betragen, und sogar Furchtsamkeit in seinem Charakter bemerken wird.

Unter den verschiedenen Gattungen der Stöhre, welche die Aufmerksamkeit des Denkers durch ihre Form, Größe, Neigungen, Lebensart, wie auch durch die angenehme, gesunde und häufige Nahrung die sie dem Menschen gewähren, und die nützlichen Materien mit denen sie die Künste bereichern, auf sich ziehen, ist der eigentliche Stöhr am längsten bekannt und beobachtet worden, weil man ihn beinah in allen Gegenden der alten Welt antrift.

Er ist, so wie die übrigen seines Geschlechts den Hayen in Rücksicht der Länge des Körpers, der Form der Schwanzflosse, welche in zwei ungleiche Flügel abgetheilt ist, und derjenigen der Schnautze ähnlich, deren Spitze mehr oder weniger vorragt, und abgerundet ist.

Die Oefnung des Mundes sitzt wie bei den meisten Hayen unterhalb der vorragenden Schnautze. Beide Kinnladen sind mit ziemlich har-

harten Knorpeln besezt, welche die Stelle der Zähne ersetzen. Die Oberlippe ist so wie die untere, wenigstens in zwei Flügel abgetheilt, und das Thier kann sie nach Belieben einzeln oder zugleich vorstrecken, oder zurückziehen.

Zwischen dieser Oefnung des Mundes und der Schnautzenspitze sieht man vier zarte Fasern in einer Queerreihe hängen, und zwar in gleicher Entfernung von dieser Oefnung und von dem Ende des Kopfs, zuweilen leztern etwas näher als ersterer. Durch diese sehr dünnen und sehr beweglichen Bartfasern, die kleinen Würmern ziemlich ähnlich sind, werden oft die kleinen unbehutsamen Fische bis zum Rachen des Stöhrs hingelockt, der beinah den ganzen Kopf mitten in den See- oder Flußpflanzen verborgen hält.

Vor den Augen sitzen die Nasenlöcher, welche inwendig ein wenig anders eingerichtet sind, als bei den Rochen und Hayen, doch haben sie Umfang genug, um dem Thier eine Menge mehr oder minder lebhafter Empfindungen zuzuführen. Neunzehn doppelte Häute erheben sich darin blätterartig, und leiten, wie so so viele Strahlen, zu einem gemeinschaftlichen Mittelpunkt.

Die Kiemenöfnung ist auf jeder Seite mit einem Deckel verschlossen, auf dessen oberer Fläche man eine Menge mehr oder weniger gerader Streifen bemerkt, die sämmtlich in einem gemeinschaftlichen Mittelpunkt zusammenlaufen.

Eben dergleichen mehr oder weniger vorstehende Streifen sieht man öfters an den harten Schaalen, die man in mehrern Reihen auf dem Körper des Stöhrs bemerkt. Diese gestreiften und knochichten Schaalen, die man mit kleinen Schilden verglichen, sind oben erhaben, und unten hohl, im Umfang etwas rund, im Mittelpunkt gewölbt, und endigen sich an dieser erhöhten Stelle in eine Spitze, welche gegen den Schwanz zugekehrt ist. Sie sitzen gewöhnlich in fünf langen Reihen, welche von dem Kopf an, bis beinah an die Schwanzflosse gehen, die mittlere ausgenommen, die sich bei der Rückenflosse endigt.

Diese mittlere Reihe sitzt auf dem höchsten Theil des Rückens, und besteht aus den grösten Stücken; die beiden nächsten Reihen stehen etwas auf den Seiten des Stöhrs, und die beiden äußersten fassen von oben bis unten den Unterleib des Thiers ein. Diese fünf Reihen kleiner Schilder stehen hoch genug, daß man den ganzen Thierkörper mit einem Prisma zu fünf Flächen oder Seiten vergleichen kann.

Die Anzahl dieser Schilder ist in jeder Reihe verschieden, und beläuft sich zuweilen auf eilf bis zwölf in der Rückenreihe, auch findet man nicht selten das gröste dieser Schilder mit einem Durchmesser von vier bis fünf Zollen auf Stöhren, die bereits eine Länge von zehn bis eilf Schuh erreicht haben. Die Dicke dieser Schilder richtet sich nach ihrer Größe, und da sie sehr hart sind, so würden die fünf Reihen, die sie bilden, eine vortrefliche Schutzwehr für den Stöhr seyn, und ihn zu einem der best gepanzerten Fische machen, wenn sie nicht durch große Zwischenräume von einander getrennt wären.

Die Rückenflosse beginnt mit einem sehr dicken und starken Strahl, und sitzt weiter vom Kopf entfernt, als die Bauchflossen; die Afterflosse ist noch weiter von der Schnautze entfernt, und der untere Flügel der Schwanzflosse ist sichelförmig, länger und breiter als der obere.

Der Stöhr hat noch eine Aehnlichkeit mehr mit dem Rochen, durch zwei löcher, die jedes mit einer nach Belieben beweglichen Klappe versehen sind, und in dem Mastdarm, nahe beim After sitzen, das eine rechts, das andere links, und wodurch dieser Darm mit der Hölung des Unterleibs in Verbindung steht. Durch diese beiden Oefnungen dringt das See- oder Flußwasser in die Höhlung des Unterleibs, vermischt sich daselbst mit denjenigen, welches die Blutgefäße dort absetzen, oder von andern Theilen des Körpers dahin kömmt, und gelangt endlich bis in die Blase.

Die Farbe des Stöhrs ist blaulicht, mit kleinen Flecken untermischt, die auf dem Rükken braun, und am untern Körper schwarz sind. Seine länge ist wie schon gesagt beträchtlich, und wenn er seine ganze Entwickelung erreicht hat, so ist er über achtzehn Schuh lang.

Dieser große Fisch bewohnt den Ozean, das mittländische, das rothe, das schwarze und das kaspische Meer; anstatt aber sein ganzes Leben, gleich den Rochen, Hayen, Seeteufeln, Hornfischen und Seeratzen in dem Seewasser zuzubringen, sucht er wie die Lamprete das süße Wasser, wenn die Frühlingswärme bis mitten in den Wellen dringt, und das Bedürfniß, Eier zu legen, oder sie zu befruchten, ihn drängt.

Alsdenn zieht sich der Stöhr beinah in alle große Flüsse, besonders in die Wolga, den Tanais, die Donau, den Po, die Garonne, Loire, Rhein, Elbe und Oder. Am öftersten sieht man ihn nur in breiten tiefen Flüssen, vielleicht weil er daselbst leichter seine Lieblingsnahrung findet, vielleicht weil ihn zu dieser Wahl andere nicht minder wirksame Ursachen antreiben, wie z. B. daß da er eine große Kraft in seinen verschiedenen Theilen, Flossen, und besonders in seinem Schwanz hat, (ohnerachtet

tet seine Muskel-Kraft wie gesagt, geringer ist, als bei den Hayen), er gerne starken Strömen entgegen arbeitet, große Wellen und Wassermassen bekämpft, und gleich allen Wesen das Bedürfniß fühlt, von Zeit zu Zeit seine Kraft in ihrer ganzen Fülle in Bewegung zu setzen. Er hat übrigens einen großen Körper, und braucht folglich Raum, um sich ohne Mühe und Hinderniß bewegen zu können, und diesen findet er nirgends besser und bequemer als in den großen Flüssen.

In solchen großen und reißenden Strömen wird er groß und fett, je nachdem er daselbst die Ruhe, Temperatur und Nahrungsmittel antrift, die ihm am zuträglichsten sind. In einigen dieser Flüsse hat der Stöhr das ungeheure Gewicht von tausend Pfund erreicht, wie Plinius von einigen berichtet, die man zu seiner Zeit in dem Po gesehen.

So lang er noch in der See oder in der Mündung großer Flüsse ist, so nährt er sich mit Heeringen, Makrelen und Weichfischen; in den Flüssen selbst aber greift er die Salmen an, die ohngefähr zu gleicher Zeit mit

mit ihm dieselben hinaufziehen, und ihm nur schwachen Widerstand leisten können. Da er zuweilen auf der Höhe beträchtlicher Flüsse vor diesen Fischen ankömmt, oder sich mitten unter sie mischt, um sie zu seiner Beute zu machen, und alsdenn gleich einem Riesen mitten unter diesen zahlreichen Legionen erscheint, so verglich man ihn mit einem Oberhaupt, und nannte ihn den Anführer der Salmen.

Wenn der Grund des Meers oder der Flüsse, worin er sich aufhält, schlammicht ist, so zieht er lieber die Würmer vor, die sich in den Schlamm des Grundes aufhalten, und die er alsdann mitten in einer weichen und fetten Erde um so leichter findet, da die Spitze seiner Schnautze hart und etwas spitzig ist, und er damit sehr gut den Schlamm und weichen Sand durchwühlen kann.

In den Flüssen läßt er eine unzählige Menge Eier zurück, und sein Fleisch hat alsdann einen sehr angenehmen Geschmack, der besonders an Knorpelfischen etwas seltenes ist. Dieser feine angenehme Geschmack ist bei dem Fleisch des Stöhrs mit einer Art Festigkeit ver-

verbunden, die man an seinen Muskeln bemerkt, und diese den Muskeltheilen der andern Knorpelfische ähnlich macht. Daher hat man sein Fleisch sehr oft für junges Kalbfleisch gehalten, und es wurde zu jeder Zeit sehr gesucht.

Der Stöhr wird frisch gegessen, in allen Ländern aber, wo man eine Menge derselben fängt, bedient man sich mehrerer Zubereitungen, um ihn aufzubehalten und versenden zu können. Er wird daher getrocknet, marinirt und eingesalzen. Der Rochen des Männchens ist derjenige Theil, den man allen übrigen vorzieht, allein so vielen Werth man auch die verschiedenen Theile des Stöhrs, selbst auf dessen Roggen setzt, so haben doch die neuern Nationen, die den meisten verbrauchen, und ihm am theuersten bezahlen, für die Fische überhaupt nicht die große Vorliebe, die man bei mehrern alten Völkern Asiens und Europens, besonders bei den reichen Römern bemerkte.

Da die neuern Nationen auch noch nicht ganz in jenen unbegreiflichen Grad der Schwelgerey versunken sind, welchen die tiefste Stufe der Erniedrigung der Bewohner Roms bezeichnete,

nete, so haben sie auch von der Güte und dem Werth des Stöhrs bei weitem keinen so hohen Begriff, als derjenige, den man in der Hauptstadt der Welt, mitten unter der Sittenverderbniß, die dem Untergang beschleuchnichte, davon hegte.

In neuern Zeiten hat man noch niemals Stöhre auf prächtig geschmückten Tafeln im Triumph tragen sehen, deren Träger mit Blumen bekränzt, und vom Schall der Instrumente begleitet wurden, so wie man es in dem erniedrigten, seinen Kaisern sklavisch gehorchenden Rom sah, zu einer Zeit, wo es unter dem Gewicht der unmäßigen Reichthümer der einen, des tiefsten Elends des andern, und den lastern und Verbrechen aller erlag.

Der Stöhr kann mehrere Tage ausser dem Wasser leben. Einer der Ursachen dieses Vermögens eine ziemlich lange Zeit der Flüssigkeit entbehren zu können, die zur Respiration der Fische so nothwendig ist, liegt in der Beschaffenheit des Deckels, der zu beiden Seiten die Kiemenöfnungen verschließt, und der in seinem ganzen Umfang mit einer weichen Haut be-

besetzt, sich leichter an den Rand der Oeffnung anlegen, und sie genauer verschliessen kann *).

Wir glauben, daß der von Güldenstädt unter dem Namen Schypa beschriebene Stöhr **), den man nicht nur in dem kaspischen Meer, sondern auch in dem See Oka in Sibirien antrift, als eine Nebengattung des eigentlichen Stöhrs zu betrachten ist, wie auch bereits Gmelin vermuthet hat ***). Er hat wirklich die größte Aehn-

*) Abhandlung über die Natur der Fische.

**) Acipenser schypa, rostro obtuso, oris diametro tertiam partem longiore, cirris rostri apici proprioribus, labiis bifidis. Güldenst. nov. Comment. Petrop. 16. p. 532.

Acipenser schypa. Linné ed. Gmelin.

S. g. Gmelin It. p. 238.

Acipenser Kostera. Lepechin It. I. p. 54.

Acipe schype. Bonnaterre planches de l'Encyclopédie.

***) In der eben angeführten Stelle.

Aehnlichkeit mit letzterm, äussert dessen vornehmste Kennzeichen, und scheint sich blos durch die Eigenschaften junger Thiere von ihm zu unterscheiden, nemlich durch einen kürzern Wuchs und ein angenehmer schmeckendes Fleisch.

Der

Der Hausen *).

(Acipensére Huso.)

Der Hausen wird nicht so häufig in den temperirten Meeren Asiens und Europas ange-

*) Copse in einigen Gegenden Italiens.
Colpesce in andern Gegenden Italiens.
Hausen in einigen Gegenden Deutschlands.
Collano. Barbota. Morona, bei einigen Neu-Griechen.
Belluge in mehrern nordischen Ländern.
Bellouga } ebendaselbst.
Belluga }
Exos, von einigen lateinischen Schriftstellern.

Aci-

getroffen wie der Stöhr; man findet ihn selten außer dem kaspischen und dem schwarzen Meer, und er zieht sich gewöhnlich nur in die Wolga, die Donau, und andern großen Flüsse, die

Acipenser huso. Linné ed. Gmelin.

Acipe. ichthyocolle. Daubenton Encyclopédie methodique.

Id. Bonnaterre planches de l'Encyclopédie.

Güldenst. nov. Comment. Petrop. 16. p. 532.

Koelreuter ib 17. p. 531. f. 12, 17.

Acipenser tuberculis carens. Art. gen. 65. syn. 92.

Kramer El. 385.

Mario. Plin. hist. mundi. l. 9. c. 15.

Aldrov. pisc. p. 534.

Jonston pisc. tab. 25. fig. 1, 3.

Gessner Aquat. p. 59.

Huso Germanorum. Willoughby Ichthyol. p. 243.

Raj. pisc. p. 113.

Copso oder colpesce. Rondelet seconde partie des poissons des riviere ch. 6. (Die Figur bezieht sich nicht auf einen Stöhr, sondern auf eine Welse.)

Antacée de Neper id. ibid. c. 9. (Die Figur ist unrichtig.)

die sich in diese beiden Meere ergießen. Allein die Schaaren, welche diese Gattung daselbst bildet, sind weit zahlreicher, als die der Stöhre, auch ist der Hausen weit fruchtbarer. Er wird außerdem größer, denn man hat Hausen von vier und zwanzig Schuh länge, und man fischt welche die gegen zweitausend achthundert Pfund wiegen.

In seiner äußern Bildung hat er jedoch große Aehnlichkeit mit dem Stöhr, und geht nur in dem Verhältniß seiner Schnautze, und der Form seiner lippen merklich von ihm ab. Die Schnautze des Hausens ist wirklich kürzer als der große Durchmesser der Oefnung seines Mündes, und seine lippen sind nicht jede in zwei Flügel abgetheilt.

Die Anzahl der Stücke die man in den fünf Reihen großer Schaalen die längs seinem Rücken hinlaufen, bemerkt, ist sehr verschieden, denn so wie der Fisch ältert, so fallen mehrere dieser Schaalen ab, ohne durch andere ersezt zu werden; so daß wenn der Hausen sehr alt wird, er zuweilen keine einzige von diesen harten Schaalen mehr hat. Daher kömmt es, daß

daß Artedi und andere Naturforscher diese Gattung durch den Mangel der Schaalen unterscheiden wollten.

Seine Farbe ist gewöhnlich schwarzblau auf dem Rücken, und hellgelb am Bauch.

Die Weibchen dieser Gattung legen im Anfang der warmen Jahrszeit eine große Menge Eier, welche alsdenn von den Bewohnern der Ufer des schwarzen und kaspischen Meers, und der großen Flüsse, die sich hinein ergießen, zubereitet, und unter dem Namen Caviar verkauft werden. Der Caviar wird mehr oder weniger geschäzt, je nachdem die Eier, die den Grund davon ausmachen, besser ausgesucht, gereinigt, gerieben, gedrückt, und mit Salz und andern Ingredienzien gewürzt worden. Man kann sich übrigens einen Begriff von der großen Anzahl dieser Eier machen, wenn man bedenkt, daß das Gewicht zweier Eierstöcke, beinah dem dritten Theil der ganzen Schwere des Thiers gleich kömmt, und daß diese Eierstöcke bei einem weiblichen Hausen, der zweitausend achthundert Pfund schwer war, achthundert Pfund gewogen haben.

Der

Der Kaviar wird aber nicht blos allein mit den Hauseneiern bereitet, sondern auch mit denen der andern Stöhre. Nach Güldenstädts Meinung müßte man, außer den schwarzen Eiern dieser Fische, bei Bereitung des Kaviars, auch die gelben Eier anderer großer Fische gebrauchen können, z. B. die vom Hecht, Karpfen, Brachsen, und andere Karpfenarten die im russischen yaze, beresna, oder jeregh, und virezon genannt, und häufig in den Flüssen des südlichen Rußlands, dem Ural, der Wolga, Terek, Don und Dnieper *) gefischt werden.

Der Hausen wird aber nicht blos wegen seinen Eiern gesucht, sondern auch wegen seinem Fleisch, welches sehr gesund, nahrhaft, und von gutem Geschmack ist, daher auch nicht leicht ein Fisch die Industrie und den Handel der Bewohner der Seeküsten, oder der Ufer großer Flüsse so sehr beschäftigt als dieser.

Um

*) Güldenstaedt Abhandlnng über Rußlands Produkte. Petersburg 1776. S. 11.

Um ihn zu fangen, bedient man sich verschiedener Mittel, die von geschickten Beobachtern umständlich beschrieben sind, und die wir hier anzeigen wollen. Der berühmte Pallas hat besonders diejenige Art beschrieben, wie man den Hausen in der Wolga und dem Jaik fängt, welche sich beide ins kaspische Meer ergießen.

Wenn die Zeit kömmt, wo die Hausen aus der See in die Flüsse hinauf ziehen, so verfertigt man in verschiedenen Gegenden der Wolga und des Jaik einen Damm von Pfahlwerk, so daß kein Zwischenraum groß genug bleibt, den Hausen durchzulassen. Dieser Damm bildet in seiner Mitte, einen dem Strom entgegen stehenden Winkel, und bietet folglich dem Fisch der den Strom herauf zieht, einen zurückgehenden Winkel dar. Der Fisch, der das Hinderniß zu überwinden sucht, dringt bis zur Spitze dieses Winkels, woselbst eine Oefnung ist, die ihn in eine Art Kammer leitet, welche gegen Ende des Winters von Garn, und im Sommer von Weiden verfertigt wird.

Ueber dieser Oefnung ist eine Art Gerüst, auf dem sich die Fischer aufhalten. Der Boden der Kammer ist, so wie die Wände von Weiden oder Garn, und kann leicht bis zur Oberfläche des Wassers heraufgezogen werden.

Der Hausen kömmt also durch die Oefnung die ihm der Damm darbietet, in die Kammer, sobald er aber darin ist, lassen die Fischer eine Thüre herabfallen, die ihm die Rückkehr in die See versperrt; nachher zieht man den beweglichen Boden der Kammer in die Höhe, und wird des Fischs leicht Meister. Am Tage werden die Fischer von der Gegenwart der Hausen in der Kammer, durch die Erschütterung benachrichtigt, die sie einigen Stricken mittheilen, so an kleinen schwimmenden Körpern hängen. In der Nacht setzen sie nothwendig andere Stricke der Kammer in Bewegung, und zwar stark genug, um die Thüre wovon wir geredet, hinter sich herabfallen zu machen. Durch den Fall dieser Thüre werden sie nicht nur gefangen, sondern sie zieht im Fallen zugleich eine Schelle an, welche den Fischer, der auf dem Gerüst

Wache hält, aufweckt, und davon benachrichtigt.

Gmelin, welcher verschiedene Gegenden Rußlands bereist, beschreibt sehr lebhaft die Feierlichkeit der Fischerei, welche von Zeit zu Zeit, und im Anfang des Winters gehalten wird, um die Hausen zu fangen, die um diese Jahrszeit sich in den Höhlen und Buchten der Ufer um Astrakan herum verbergen.

Man versammelt eine Anzahl Fischer und Kähne, und macht Anstalten wie zu einer wichtigen, gut geordneten Kriegsoperation, worauf man gemeinschaftlich, und mit verschiedenen regelmäßigen Richtungen dem Aufenthalt der Hausen zumarschirt. Das kleinste Geräusch ist nicht nur den Fischern, sondern allen, die neben der Flotte rudern, aufs strengste verboten, überall herrscht das tiefste Stillschweigen; plötzlich aber erhebt man ein entsetzliches Geschrei, welches durch die Echos verstärkt und verdoppelt wird, man beunruhigt erschreckt und betäubt die Hausen so sehr, daß sie sich aus ihren Höhlen herausdrängen, und in die Netze gerathen, die auf allen Seiten ausgestellt sind, sie zu empfangen.

Die

Die Schnautze der Hausen ist so wie die der meisten Knorpelfische und besonders der Hayen gegen alle Berührung sehr empfindlich, desgleichen auch der Unterleib, der blos mit einer weichen Haut bedeckt ist, und keine Schaalen hat, wie der obere Theil. Marsigli berichtet in seiner Geschichte der Donau *), daß die Fischer dieses Flusses die Empfindlichkeit des Bauchs und der Schnautze der Hausen sehr gut zu benutzen wissen, um sie desto leichter zu fangen.

Sie halten nemlich der zarten Schnautze der Hausen Garne oder andere Körper vor, die sie verwunden konnten, und zwingen dadurch das Thier sehr oft, sich an das Ufer zu schwingen. Wenn sie alsdann auf dem Sand des Ufers liegen, so zwingen sie den Fisch, durch verschiedene Berührungen am Unterleib seinen großen Körper herumzuwenden, und sich ohngeachtet ihrer Größe zu allem zu bequemen, was man vornimmt, um sie zu fangen und zu binden.

 Wenn

*) Marsigli histoire du Danub. T. IV.

Wenn sie sehr groß sind, so muß man sich wirklich vor den Schlägen in Acht nehmen, die sie mit ihrem Schwanz versetzen können, und sogar denn noch Vorsicht gebrauchen, wenn sie außer dem Wasser auf dem Sand liegen. Man muß alsdann die Bewegungen des Schwantzes durch Binden mit Stricken um so mehr hemmen, da ihre Muskelkraft, obgleich geringer als die der Hayen, bei einer Länge von mehr als zwanzig Schuhen sehr gefährlich werden kann, und die harten aufgerichteten Buckeln, womit das hintere Ende ihres Körpers besetzt ist, zu weit aus einander sitzen, um die Beweglichkeit desselben zu hemmen, vielmehr durch ihre Form und Beschaffenheit die Stärke des Schlags noch vermehren.

Ueberdies wird die Schnelligkeit der Bewegungen bei dem Hausen so wenig, als bei andern Stöhren durch die knorpelichten Wirbelbeine gehemmt, woraus der Rückgrad besteht, und die bis zur Spitze des Schwantzes fortlaufen. Diese Wirbel geben vermöge ihrer geringen Härte und Bildung den verschiedenen Biegungen nach, welche das Thier seinem Schwanz geben will, so wie auch der

Sehne

Schnelligkeit, mit der es sie auszuführen sucht.

Diese Kette knorpelichter Wirbel, die vom Kopf bis zur Spitze des Schwanzes geht, enthält, wie bei den übrigen Fischen desselben Geschlechts, drei kleine Kanäle, und drei länglichte Höhlungen. In der obern ist das Rückenmark enthalten, und die zweite enthält eine zähe Materie, welche durch das Kochen hart wird, und bei der Basis des Schädels anfängt, und bis zur Schwanzflosse fortläuft.

Unter diesem Rückgrad sitzt die Luftblase, welche einfach und kegelförmig ist, die Spitze gegen den Schwanz zugekehrt, und woraus an den Ufern des kaspischen Meers und der darein fallenden Flüsse jener bekannte Fischleim bereitet wird, der in ganz Europa verführt, und ziemlich theuer verkauft wird.

Die verschiedenen Handgriffe, deren man sich in dieser Gegend Rußlands bedient, um diesen so berühmten Leim zu bereiten, bestehen in weiter nichts, als daß man die Blasen ins Wasser legt, und von aller äussern Haut und

Blut

Blut, mit dem sie verunreinigt seyn könnten, säubert; dann werden sie in langen Streifen geschnitten, in Tücher gelegt, zwischen den Händen erweicht, und in kleine gebogene Röhren geformt und durchstochen, um sie aufzuhängen, um sie bei einer mäßigen Wärme, welche gelinder ist, als die der Sonnenhitze, trocknen zu lassen.

Dieser Leim, welcher seit langer Zeit unter dem Namen Ichthyocolla, Fischleim, Hausenblase bekannt ist, und woher der Fisch selbst den Namen Ichthyocolla erhalten, ist in der Arzneikunst sehr oft gegen den Durchlauf, Geschwür im Hals, in der Lunge, und andern Krankheiten gebraucht worden. Auch bedient man sich desselben häufig in den Künsten, um die Weine abzuklären, und den Stoffen und Tüchern Glanz zu geben. Mit einem stärkern Leim vermischt kann man zerbrochenes Porzellan und Glas damit verkütten, in welchem Fall er den Namen Glas oder Porzellanleim (Colle á verre et á porcelaine) erhält. Bereitet man ihn aber mit einer dem Geschmack und Geruch angenehmen Substanz, so daß man Stücke davon in dem

Mund

Mund erweichen kann, ohne unangenehmen Geschmack zu empfinden, so heißt er Mundleim (Colle á bouche). Nicht allein mit der Luftblase des Hausens wird dieser nützliche Leim an den Ufern des kaspischen Meers bereitet, sondern man nimmt dazu die Luftblase aller Stöhre, die man daselbst fischt.

Man kann in dem übrigen Europa das Verfahren der Russen bei Bereitung einer Materie, die einen beträchtlichen Handelszweig ausmacht, sehr leicht nachahmen, und ich bin überzeugt, daß wir besonders in Frankreich uns leicht eines beträchtlichen Tributs entledigen könnten, den wir der ausländischen Industrie für diesen Leim bezahlen müssen.

Es ist in unsern Teichen und Flüssen beinah keine einzige Gattung Fisch zu finden, deren Luftblase und andere dünnen hautichten Theile, wenn sie von allen fremden Materien recht gereinigt, gewaschen, zertheilt, erweicht und getrocknet werden, nicht einen eben, oder wenigstens beinah so guten Leim liefern, als derjenige ist, den wir aus dem südlichen Rußland erhalten. Man hat es mit gutem Erfolg

folg versucht, und es fällt von selbst in die Augen, um welchen geringen Preis und in welcher Menge man eine Substanz erhalten könnte, die aus Materien bereitet wird, die überall weggeworfen werden, und deren Benutzung dem Absatz der übrigen Theile der Fische keinen Abbruch thun würde. Man hätte dabei den dreifachen Vortheil, eine in mehrern Künsten nothwendige Materie häufiger zu besitzen, sie nicht so theuer zu bezahlen, und selbst zu fabriziren.

Man sollte gerade jetzt um so mehr eilen, sich diese Materie selbst zu verschaffen, da mein Kollege Rochon, Mitglied des National Instituts, ein Mittel erfunden hat, das Glas unter sehr vielen Umständen durch sehr feine Netze von Metalldrath, die mit Hausenblase überzogen werden, zu ersetzen, welches Mittel bereits für die Marine angenommen worden.

Das Fett des Hausens wird von den Bewohnern der südlichen Gegenden Rußlands beinah eben so stark gebraucht, als seine Luftblase. Wenn es noch frisch, so hat es einen guten Geschmack, und man bedient sich desselben statt der Butter und des Oels; das letztere

tere kann es um so mehr ersetzen, da das Fischfett immer mehr oder weniger ölicht ist.

Die Haut der großen Hausen wird so zerschnitten, daß man sich derselben statt anderer Thierfelle bedienen kann. Die der jungen hingegen werden gut getrocknet, dünn und durchsichtig geschabt, und in einem Theil von Rußland und der Tartarey als Fensterscheiben gebraucht.

An dieser großen Stöhrgattung ist demnach das Fleisch, die Eier, die Luftblase, das Fett, die Haut, mit einem Wort alles dem Menschen nützlich *), und es ist daher nicht zu verwundern, daß sie in den Gegenden, wo sie am häufigsten angetroffen wird, verschiedene Namen trägt, überall, wo die Thiere fleißig beobachtet und gesucht wurden, erhielten sie verschiedene Namen, denn jeder Beobachter, jeder Künstler und Handwerker sah sie unter einem

*) Man ißt sogar den knorpelichten Rückgrad des Hausens und des Stöhrs, und bereitet sie in den nordischen Ländern auf verschiedene Art.

einem neuen Gesichtspunkt, und diese Menge verschiedener Verhältnisse mußte nothwendig eine große Mannigfaltigkeit in den Zeichen derselben, folglich auch in den Benennungen des Gegenstandes dieser verschiedenen Verhältnisse hervorbringen.

Da die Hausen unter Breiten leben, die weit von dem Aequator entfernt sind, und in einem Land, welches der strengsten Kälte ausgesetzt ist, so suchen sie sich im Winter vor dieser zu strengen Temperatur zu schützen, indem sich mehrere zusammen in die Vertiefungen der Ufer einsperren. Zuweilen ziehen sie sogar die Flüsse hinauf, obgleich die Zeit des Legens noch entfernt ist, um nur an den Ufern derselben bequemere Schutzörter zu suchen.

Ihre Größe macht, daß sie sich in diesen Höhlen sehr nahe zusammen halten müssen, so weit sie auch seyn mögen; durch diese Nähe erhalten sie noch die wenige Wärme, die sie besitzen, und erstarren nicht, wenigstens sind sie nicht eines gänzlichen Erfrierens ausgesetzt. Sie nehmen auch ein wenig Nahrung zu sich, gewöhnlich aber begnügen sie sich mit

den

den Säften, die aus ihrem Körper dringen, und saugen den Schleim, der auf der Haut der ihnen zunächst liegenden Fische sitzt.

In wärmern Tagen, und wenn sie ihre ganze Thätigkeit ausüben können, sind sie begieriger nach Nahrung, weil sie eine ziemlich große Masse zu unterhalten haben. Ihr Magen ist zwar nicht so muskulös, als der der andern Stöhre, allein er ist doch sehr groß, und kann nach Pallas, selbst bei noch nicht ganz erwachsenen Hausen mehrere und ziemlich große Thiere ganz in sich enthalten.

Ihre Verdauungssäfte scheinen sehr wirksam zu seyn, daher verschlingen sie manchmal ausser den Fischen, mit denen sie sich nähren, junge Seekälber und wilde Enten, die sie auf der Oberfläche des Wassers überraschen, und sehr geschickt bei den Füßen zu packen wissen, und mit sich hinunterziehen. Wenn sie keine ihnen angemessene Nahrung um sich her finden, so sind sie unter gewissen Umständen manchmal gezwungen, gleichsam Ballast zu laden, um ihren wei=

weiten Magen auszufüllen, und dessen übermäßigen Verdauungssäfte zu beschäftigen, alsdenn verschlingen sie die ersten besten Körper, die sie antreffen, Schilf, Wurzeln oder auch Stücke Holz, welches auf der See nnd den Flüssen herumtreibt.

Der

Der Sterlet *).

(Acipensére Strelet.)

Dieser Stöhr hat sehr angenehme Farben; der untere Theil seines Körpers ist weiß, mit rosen:

*) Acipenser ruthenus. Linné ed. Gmelin.

Acipe sirelet. Daubenton Encyclopédie methodique.

Id. Bonnaterre planches de l'Encyclopédie.

Güldenstädt. nov. Comment. petrop 16. p. 533.

Blochs Naturgesch. der Fische Deutschlands. III. Th. S. 98. pl. 89.

rosenfarbenen Flecken; der Rücken schwärzlich, und die Muscheln die lange Reihen darauf, bilden schön Gelb. Die Flossen der Brust, des Rückens und des Schwanzes sind grau; die des Bauchs und des Afters roth.

Der Sterlet zeichnet sich aber von den Stöhren des zweiten Untergeschlechts, wozu er gehört, besonders durch die Form seiner Schnauze aus, welche drei bis viermal länger ist, als der große Durchmesser der Oefnung seines Mundes. Von dem Stöhr und dem Hausen zeichnet

Mus. ad. fr. 1. p. 54. tab. 27. fig. 2. &. tab. 28. fig. 1.

Fauna Suecica 300.

Wulff Ichthyol. boruſſ. p. 17. n. 23.

S. G. Gmelin It. 1. p. 142; 3, p. 134.

Koelreuter nov. Comment. Petrop. 16. p. 511. tab. 14. &. 17. p. 521.

Acipenſer ordinibus quinque ſquammarum oſſearum; intermedio oſſicaulis 15. fauna ſuec. 272.

Acipenſer ex cinereo, flavo & roſaceo varius. Klein Miſſ. piſc. 4. p. 13, n. 4. tab. 1.

Sterlet, Bruyn It. 93, tab. 33.

zeichnet er sich übrigens durch seine Kleinheit aus, denn er erreicht selten eine länge von drei Schuh, noch seltener findet man welche von vier Schuh und einigen Zollen.

Auf dem Rücken hat er, so wie der Stöhr und der Hausen fünf Reihen Schaalen, wovon die mittlere gewöhnlich aus funfzehn ziemlich grossen Stücken besteht. Die beiden andern enthalten jede neun und funfzig bis sechzig, welche folglich von geringen Umfang sind; die beiden, welche an dem Bauch sitzen, bestehen aus noch kleinern Muscheln, die anstatt wie die der andern Reihen, und der Mitte erhaben zu seyn, beinah ganz flach sind.

Der Sterlet wird in dem kaspischen Meer gefunden, so wie auch in der Wolga, und dem Ural die sich darein ergiessen; nur selten sieht man ihn in der Ostsee; dies sind seine natürlichen Wohnungen. Aber die Kunst des Menschen welcher die Kräfte der Natur so gut zu lenken, zu verbinden, zu erhöhen, und sogar zu bezwingen weiß, hat diese Stöhrgattung in Seen versezt, wo man es ohne

grosse

grosse Mühe dahin gebracht hat, ihn zu erhalten und fortpflanzen zu machen.

Friedrich der Erste König von Schweden, hat ihn zuerst mit gutem Erfolg in den Mäler und andere Schwedische Seen versezt, und Friedrich der Grosse von Preussen, der auch auf dem Thron Philosoph und Gelehrter blieb, und dessen Geist die Staaten die er regieren sollte, die Kriegskunst die sie vertheidigen mußten, und die noch seltenere Kunst einer guten Staatsverwaltung schuf, durch die sie reich und glücklich werden konnten, hat den Sterlet in mehrern Gegenden Pommerns und der Mark Brandenburg einheimisch gemacht.

Hier sind also zwei merkwürdige Beispiele, wie leicht man einer Gegend die nüzlichsten Fischgattungen verschaffen kann. Beide wichtige Thatsachen, werden wir nebst einer Menge anderer, in der Abhandlung über den ökonomischen Gebrauch der Fische, und die verschiedenen Mittel sie an mancherlei Himmelsstriche zu

ge-

gewöhnen, und deren Gattungen und Individuen zu vervollkommen und zu vermehren, mittheilen, welche einem Theil dieser Geschichte ausmachen wird.

Man darf auch nicht staunen, daß die Oberhäupter beider Nationen sich so viel Mühe gaben, ihrem Land den Sterlet zu verschaffen. Diese Gattung ist sehr fruchtbar, wird zwar nicht sehr groß, hat aber noch ein zarteres und schmackhafteres Fleisch als dasjenige der übrigen Stöhre ist.

Der Sterlet ist übrigens leicht zu unterhalten, und begnügt sich mit sehr kleinen Thieren, sogar mit ganz gemeinen Fisch-Eiern. Seine gewöhnliche Nahrung muß aus Würmern bestehen, die er in dem Schlamm der Meere, Flüsse und Seen findet.

Gegen Ende des Frühlings zieht der Sterlet die großen Flüsse herauf, und da die Zeit des Legens und der Befruchtung der Eier nicht sehr lang ist, so sieht man sie noch vor Ende des Sommers dieselben Flüsse wieder herunter ziehen, und noch vor dem Herbst die Winterbehältnisse suchen, die das Meer ihnen darbietet.

Der Stern-Stöhr *).

(Acipensére étoilé).

Gegen Anfang des Frühlings zieht sich dieser Stöhr in die Donau und andern Flüssen herauf, die sich in das schwarze oder kaspische Meer ergießen. Er erreicht eine Länge von vier bis fünf Schuh, und wird folglich eben so lang als der Sterlet, doch ist er dünner.

Die etwas gekrümmte, und gegen die Spitze zu breite Schnautze ist fünf bis sechs mal

*) Acipenser stellatus. Linné ed. Gmelin.
Acipe étoilé. Bonnaterre planches de l'Encyclopédie.
Güldenstädt nov. Comment. petrop. 16. p. 5333.
Pallas It. I. p. 131. 460. n. 20.

mal länger als der große Durchmesser der Oeffnung seines Mundes, und diese Bildung der Schnautze allein wäre hinreichend, um den Stern Stöhr von den übrigen zu unterscheiden, ausserdem ist der obere Theil desselben mit kleinen zackichten Streifen versehen.

Die Lippen können viel weiter vorgezogen werden, als bei andern Fischen derselben Gattung. Der oben und auf den Seiten flache Kopf ist mit spitzigen Warzen, und kleinen harten, gezackten, sternförmigen Körpern besitzt. An dem vordern Theil des Mundes sitzen vier Bartfasern, wie bei allen Stöhren.

Auf verschiedenen Theilen des Körpers bemerkt man Ansätze von gestreiften Schaalen, und besonders auf dem Rücken kleine weiße Verhärtungen, welche rauh, sternförmig, und unordentlich vertheilt sind. Uebrigens hat er fünf Reihen erhabener und spitziger Schaalen, wovon die mittlere gemeiniglich dreizehn, und die beiden folgenden jede fünf und dreißig kleinere Stücke enthält. Drei andere sitzen jenseits dem After.

Die Farbe dieses Fischs ist auf dem Rükken schwärzlich, an den Seiten weiß gefleckt und gemischt, und schneeweiß an dem Bauch.

Diese Gattung ist sehr fruchtbar, und man zählt über dreimal hunderttausend Eier bei einem einzigen Weibchen.

Vierte Abtheilung.

Knorpelfische, mit einem Kiemendeckel und einer Kiemenhaut.

Dreizehnte Ordnung
der allgemeinen Klasse der Fische,

oder

Erste Ordnung
der vierten Abtheilung der Knorpelfische.

Kahlbäuche, oder solche die keine Bauchflossen haben.

Zehntes Geschlecht.

Beinfische.

(Ostracions.)

Der Körper mit einer knöchernen Hülle umgeben; Schneidezähne in jeder Kinnlade.

Er=

Erstes Untergeschlecht.

Keine Stacheln um die Augen, noch unter dem Schwanz.

Gattungen.	Kennzeichen.
1. Das stachellose Dreieck. (Ostracion triangulaire.)	Der Körper dreieckicht, und mit hervorstehenden gewölbten Schildern versehen.
2. Der Kettenfisch. (Ostracion maillé.)	Der Körper dreieckicht, mit nicht sehr vorragenden Schildern besezt, die aber Ketten- oder Nezförmig geordnet sind.
3. Das punktirte Viereck. (Ostracion pointillé.)	Der Körper viereckicht, kleine Strahlenförmige Punkte, und keine vielseitigen Figuren auf den Schaalen; kleine weiße Flekken am ganzen Körper.

4. Der

Gattungen.	Kennzeichen.
4. Der Kofferfisch. (Ostracion quali Tubercules.)	Der Körper viereckicht; vier große Schilder im Viereck auf dem Rücken.
5. Der Nasenbeinfisch. (Ostracion museau alongé.)	Der Körper viereckicht; die Schnauze langvorstehend.
6. Der zweihöckerichte Beinfisch. (Ostracion deux Tubercules.)	Der Körper viereckicht, zwei Schilder wovon eines oberhalb, das andere unterhalb der Oefnung des Mundes sizt.
7. Das stachellose Viereck. (Ostracion moucheté.)	Der Körper viereckicht; eine Menge schwarzer Flekken, jeder mit einem weissen oder bläulichten Punkt geziert.

8. Der

Gattungen.	Kennzeichen.
8. Der Schachtelfisch. (Ostracion Bossu.)	Der Körper viereckicht; der Rücken höckerartig erhaben.

Zweites Untergeschlecht.

Stacheln um die Augen herum; keine unter dem Schwanz.

Gattungen.	Kennzeichen.
9. Das Dreihorn. (Ostracion trois aiguillons.)	Der Körper dreieckicht, einen Stachel auf dem Rükken, und einen bei jedem Auge.

Drittes Untergeschlecht.

Stacheln unter dem Schwanz, keine um die Augen.

Gattungen.	Kennzeichen.
10. Das geperlte Dreieck. (Ostracion Trigoue).	Der Körper dreiekkicht; zwei gereifte Stacheln unter dem Schwanz, vorstehende Bukkeln auf dem gewölbten Schildern; vierzehn Strahlen in der Rükkenflosse.
11. Das zweistachlichte Dreieck. (Ostracion double aiguillon.)	Der Körper dreieckicht; zwei gereifte Stacheln unter dem Schwanz, die Schilder platt liegend, zehn Strahlen in der Rükkenflosse,

Vier-

Viertes Untergeschlecht.

Stacheln um die Augen herum, und unter dem Schwanz.

Gattungen.	Kennzeichen.
12. Das vierstachlichte Dreieck. (Ostracion quatre aiguillons.)	Der Körper dreieckicht, zwei Stacheln an den Augen, zwei unter dem Schwanz.
13. Listers Beinfisch. (Ostracion Lister.)	Der Körper dreieckicht, einen großen Stachel auf dem Theil des Schwanzes welcher ausser der Schaale ist.
14. Der Seestier. (Ostracion quadrangulaire.)	Der Körper viereckicht, zwei Stacheln um die Augen, zwei andere unter dem Schwanz.
15. Der Thurmträger. (Ostracion dromadaire).	Der Körper viereckicht, einen Hökker mit einem Stachel auf dem Rükken.

Das

Das stachellose Drei-Ek *).
(Ostracion triangulaire).

Man sollte beinah denken, daß die Natur bei der großen Mannigfaltigkeit lebender und empfind-

*) Ostracion triqueter. Linné ed. Gmelin.
Mus. ad. fr. I. p. 60.
Ostracion triangulus, tuberculis exiguis innumeris, aculeis carens. Artedi gen. 57. syn. 85.
Piscis triangularis ex toto cornibus carens. Lister. Appen. Willoughby Ichthyol. p. 20. tab. 1. n. 18.
Raj. pisc. 4. 5.
Seb. Mus. 3. tab. 24. fig. 6. 12.
Coffre triangulaire sans épinés. Daubenton Encyclop. method.
Coffre triangulaire. Bonnaterre planches de l'Encyclopédie.

Piscis

pfindbarer Wesen, mit denen sie den Erdball bevölkert hat, beständig dahin strebte, ihren Produkten Züge von gewissen merkwürdigen Formen einzuprägen, deren Nachbildung man mehr oder weniger vollkommen, beinah in allen Thierklassen findet.

Diese allgemeine Formen, auf welche die Gesetze der Organisation der belebten Wesen beständig hinzuweisen scheinen, sind gewissermaßen Muster oder Urbilder, von welchen die schaffende Kraft um so weniger abwich, da beinah alle Resultate dieser Hauptformen desto sicherer auf die Erhaltung der Gattungen und Geschlechter abzwecken.

Das Geschlecht, womit wir uns jetzt beschäftigen, wird uns ein redendes Beyspiel von die-

Piscis triangularii Clusii, couchon, cochon, ou coffre á la Martinique. Plumier Deſſins ſur velin.

L'un des poiſſons coffres. Valmont Bomare Dictionnaire d'hiſtoire naturelle.

Oſtracion triqueter, coffre liſſe. Blochs Naturgeſch. der auslaend. Fiſche Ir Th. S. 79. pl. 130.

dieser Vervielfältigung mehr oder weniger ähnlicher Kopien eines beschützenden Urbilds und deren Vertheilung in beinah alle Klassen der organisirten und empfindenden Wesen geben.

Wir werden jene feste Hülle, jenen beschützenden Panzer, mit welchen die Natur mehrere Thiere versorgt hat, deren Geschichte von Buffon oder von uns beschrieben worden, auch bei den Beinfischen finden; und wenn wir unsere Nachforschungen bis auf die unzähligen legionen weisblutiger Thiere ausdehnen wollten, so würden wir sie mehr oder minder ähnlich bei ganzen Gattungen und Ordnungen wieder antreffen.

Die dicken Panzer und knochichten Ringe der Panzerthiere, das Rücken- und Brustschild der Schildkröten, die grossen Buckeln, und sehr harten Schuppen der Krokodille, die kreidenartige Kruste der Igelfische, die feste Decke der Schaalthiere, und endlich die steinartigen Gehäuse, worin eine so grosse Menge Mollusken leben, sind eben so viele Abdrücke einer ersten erhaltenen Form, nach welcher die äussere Bedeckung der Beinfische gleichfalls gebildet worden

den ist. Daher haben auch diese letztern ihren Namen erhalten, welcher beständig auf die merkwürdige Beziehung hindeutet, in welcher sie mit den Schaalthieren stehen.

Sie haben indessen dem ersten Anblick nach mehr Aehnlichkeit mit den Igelfischen; ihre Decke ist wirklich mit einer Menge kleiner Höker bedeckt, wodurch sie wie eingelegt scheint, und diese kleinen Höker sind so regelmäßig geordnet, daß man deren Stellung sehr gut mit der regelmäßigen Ordnung vergleichen kann, die man an den kleinen Unebenheiten der Igelfische bemerkt, wenn sie ihrer Stacheln beraubt worden.

Die Bedeckung der Beinfische ist indessen weder kreide- noch steinartig, sondern wirklich knochen- oder beinartig, und die verschiedenen Theile, woraus sie besteht, schließen so gut zusammen, daß diese ganze Hülle, welche den obern und untern Körper einfaßt, nur aus einem Knochen zu bestehen scheint, und eine Art länglichten, drei oder vierseitigen Kasten oder Koffer vorstellt, in welchem der Körper des Thiers eingeschlossen ist, um es gegen die

An-

Angriffe seiner Feinde zu schützen, so daß nur die äussern Organen der Bewegung frei bleiben, das heißt, die Flossen, und ein größerer oder kleinerer Theil des Schwanzes.

Mehrere Reisende und Naturforscher, so wie auch die Bewohner verschiedener Gegenden um den Aequator nannten daher Kasten oder Koffer-Fische (poisson coffre) die verschiedenen Gattungen Beinfische, mit denen sie sich beschäftigten.

Man sollte denken, daß diese harte knochichte Materie, die wir in kleinen aufgerichteten spitzigen Schuppen, und in weit von einander stehenden Reihen auf dem Körper der Stöhre gesehen haben, um den der Beinfische herumgelegt, und in dünnere, schmälere, zusammenhängendere Scheiben vertheilt worden, und daß dadurch eine vollständige Vertheidigungsrüstung an die Stelle einzelner und weniger nützlicher Vertheidigungsmittel gekommen.

Wir haben gesehen, daß der Kasten, worin der Körper der Beinfische steckt, zuweilen ein festes Drei Ek, zuweilen ein festes Vier-Ek

vor-

vorstellt, das heißt, daß beide Seitenflächen sich manchmal auf dem Rücken in eine mehr oder minder spitzige lange Kante vereinigen, zuweilen aber an eine vierte Fläche anschließen, die horizontal über dem Körper liegt.

Ausser dieser Verschiedenheit sind noch andere vorhanden, wodurch wir die Gattungen dieses Geschlechts leichter unterscheiden, und in vier Untergeschlechter abtheilen konnten.

Es giebt unter diesen Fischen einige, bei welchen die knochichte Materie, aus welcher ihr Panzer besteht, ziemlich lange Spitzen oder Stacheln bildet, die zuweilen gefurcht oder gereift sind, und welche von mehreren Autoren **Hörner** genannt worden. Andere haben keine dergleichen Hörner. Unter erstern, oder den gehörnten Beinfischen haben manche lange Spitzen an den Augen, andere an dem unterm Rand der Hülle, welche den Schwanz berührt, endlich haben noch andere dergleichen Hörner an den Augen, und zugleich unter dem Schwanz. Dem zufolg haben wir diejenigen dieser Fische, welche gar keine Hörner haben, in das **erste Untergeschlecht** gebracht, in das **zweite** die-

diejenigen, welche dergleichen um die Augen herum haben, in das **dritte** die, so dergleichen an dem Theil ihrer knochichten Hülle haben, die dem untern Theil des Schwanzes am nächsten ist, das **vierte** endlich enthält diejenigen Beinfische, welche mit solchen Hörnern an den Augen, und unter dem Schwanz versehen sind.

Das **stachellose Drei-Ek** ist der erste dieses Geschlechts, der sich unsrer Untersuchung darbietet. So wie bei allen Fischen seines Geschlechts, kann man den länglichten Körper, der seine Hülle bildet, als eine Zusammensezung zweierley Arten unregelmäßiger, abgestumpfter, und an ihrer Basis vereinigten Pyramiden betrachten.

Vorn an dieser vordern Pyramide sieht man beinah bei allen Beinfischen die Oefnung des Mundes, die Kinnladen können sich um so weiter von einander ausdehnen, da sie von der knochichten Decke unabhängig sind, weil diese hier mehr oder weniger stark unterbrochen ist, und beide oder nur eine Kinnlade hervorragen läßt. Der vorragende Theil ist mit einer Materie bedeckt, die zuweilen ziemlich hart, und beinah immer von schuppenartiger Beschaffenheit ist.

Jede Kinnlade ist gemeiniglich mit zehn bis zwölf dichtstehenden Zähnen besetzt, welche lang, schmal, stumpf, und den Schneidezähnen der meisten lebendig gebährenden vierfüßigen Thieren ziemlich ähnlich sind.

Bei dem stachellosen Dreieck stehen die Augen ohngefähr in gleicher Entfernung von der Mitte des Rückens und der Spitze der Schnauze, und die Stelle, worauf sie sitzen, ragt hervor.

Die Kiemenöfnung sitzt auf jeder Seite vor der Brustflosse, ist sehr lang, schmal, und steht beinah perpendikulär nach der Länge des Körpers. Man war lange Zeit ungewiß über die Art, wie das Thier diese Oefnung nach Belieben verschließen kann, aber mehrere Beobachtungen, welche Commerson und andere Reisende mit lebendigen Beinfischen angestellt, vereinigt mit denen, die ich selbst mit manchen Fischen dieser Art, die in Sammlungen aufbewahrt

bewahrt worden, unternommen, lassen keinen Zweifel übrig, daß die Kiemenöfnung dieser Fische, mit einem Deckel und einer Haut versehen ist. Der Deckel ist mit kleinen Erhöhungen besezt, wie der übrige Körper, aber weniger regelmäßig; die Haut ist dünn, schwebend, und auf derselben Seite befestigt, wie der Deckel.

Man findet die Beinfische nur in den warmen Meeren der beiden festen Länder, in dem rothen, dem Indischen, und demjenigen Meer, welches die Küsten von Südamerika bespült. Sie nähren sich mit Schaalthieren, und andern die in Gehäusen leben, und deren Hülle sie leicht mit ihren Zähnen zerbrechen können, wenn sie nicht zu dick, oder zu groß ist. Diese Fische haben überhaupt genommen wenig Fleisch, es ist aber bei manchen Gattungen sehr schmackhaft.

Das Dreieck bewohnt die Meere beider Indien. Auf ihm so wie bei den meisten Beinfischen, sind die Erhöhungen, welche die knochichte Hülle bedecken, so geordnet, daß sie in Sechsecke abgetheilt scheint, die mehr oder weniger regelmäßig, aber beinah alle von einerlei Größe sind.

Bei dem Dreieck sind diese Sechsecke in ihrem Mittelpunkt erhaben, und die kleinen Höcker, woraus sie bestehen, sehr merklich. Diese Form ist hinreichend das Dreieck von den übrigen in dem ersten Untergeschlecht der Beinfische enthaltenen Knorpelfischen zu unterscheiden, die blos drei länglichte Seiten haben.

Die Mitte des Rückens des Dreiecks ist sehr erhaben, so daß jede Seitenfläche der Bedeckung desselben beinah dreiwinklicht ist. Uebrigens verursachen die gewölbte Form der Sechsecke, und die kleinen Knötchen womit sie besezt sind, daß wenn man die Rückenlinie von der Seite ansieht, sie nicht nur ausgeschweift, sondern sehr fein ausgeschnitten scheint.

Bei allen Beinfischen, folglich auch bei dem Dreieck, ist die ganze knochichte Schaale mit einer sehr dünnen Haut bedeckt, die sich sehr genau in alle Unebenheiten fügt, und nicht hindert die Formen zu unterscheiden. Bei einer

einer anfangenden Zerlegung oder Zerstörung kann man beide leicht voneinander trennen, diese Haut nemlich, und die verschiedenen Stücke der knochichten Hülle.

Die Flossen des Dreiecks sind ohngefähr alle gleich groß, und abgerundet. Die Rük-ken- und Afterflosse sitzen beide in gleicher Entfernung von der Schnautzenspitze *).

Der Schwanz geht durch eine auf beiden Seiten ausgeschnittene Oefnung aus dem innern der knochichten Hülle hervor, und es ragen wenigstens zwei Drittel davon aus derselben heraus. Der größere Theil des Schwanzes ist beinah bei keiner Gattung Beinfische frei; vielmehr steckt er bei mehrern noch weit mehr unter der knochichten Bedeckung verborgen.

Demnach haben die Beinfische in dem Schwanz und dem hintern Theil des Körpers bei

*) Man findet gewöhnlich in

jeder Brustflosse	. .	12 Strahlen.
in der Rückenflosse	. .	10
in der Afterflosse	. .	10
in der Schwanzflosse	. .	10

bei weitem nicht diejenige Freiheit der Bewegungen, welche erfordert wird, um das Wasser stark zu schlagen, es mit Gewalt zurück zu treiben, und schnell vorzurücken. Man kann also voraussetzen, daß unter übrigens gleichen Umständen die Beinfische weit weniger schnell fortschwimmen, als mehrere andere Knorpelfische, und es scheint überhaupt, daß sie gleich den Hornfischen mehr zur Vertheidigung als zum Angriff bestimmt sind.

Das Dreieck erreicht eine Länge von anderthalb Schuh. Sein Fleisch wird mehr gesucht, als dasjenige beinah aller Fische der amerikanischen Meere, in denen man es antrift. Ohnerachtet dieser Fisch sich nur in der Nähe des Aequators aufhält, so ließe er sich vielleicht auch an entferntere Himmelsstriche gewöhnen, weil die Verschiedenheit der Temperatur des Wassers unter verschiedenen Breitegraden, weniger beträchtlich ist, als die der Atmosphäre.

Andererseits ist bekannt, wie leicht man Fische gewöhnen kann im süßen Wasser zu leben, die man doch nirgends anders als im gesalzenen findet.

Das

Das schmackhafte und gesunde Fleisch des Dreiecks ist ein hinreichender Beweggrund um hierüber fortgesezte Versuche anzustellen. Man müßte bei diesem Gewöhnen, welches in mancher Rücksicht nüzlich werden könnte, stufenweis verfahren, und die Gattung nur nach und nach in eine weniger warme Temperatur bringen. Vielleicht würden mehrere Generationen des Thiers dazu erfordert, bevor man es gänzlich und ohne fremde Hülfe, dem Himmelsstrich an den man es gewöhnen wollte, überlassen könnte.

Man mußte mit dem Dreieck so wie mit den Pflanzen verfahren, und verschiedene von derselben Gattung eine Zeitlang in ein Wasser bringen, das man ohngefähr in derselben Temperatur erhielt, welche dasjenige der Aequatorial Meere bei seiner Oberfläche hat. Nachher verminderte man die künstliche Wärme der kleinen Bassins, worin man die Dreiecke hält, ganz unmerklich und immer nur sehr langsam.

In den Gegenden Europens oder anderer Welttheile, welche von den Wendezirkeln entfernt liegen, und warme Mineralwasser haben,

könnte

könnte man die natürliche Wärme dieser Wasser benutzen, um diesen Fischen den Wärmegrad zu geben, der ihnen durchaus nöthig ist, oder sie allmählich gewöhnen, die natürliche Temperatur der süßen oder gesalzenen Wasser dieser Länder zu ertragen.

Der Körper und Schwanz des Dreiecks haben eine braune Farbe, mit kleinen weißen Flecken. Die Flossen sind gelb.

Der Ketten-Fisch *).
(Ostracion maillé).

Herr D. Bloch hat diesen Fisch nach einer Zeichnung in Plumiers Manuscripten beschrieben. Seine Decke ist dreieckicht, so wie die des vorher beschriebenen. Mit einem Vergrößerungsglas, oder mit scharfen geübten Augen entdeckt man Reihen von Knötchen, die auf weißen Linien sitzen, Triangel von verschiedener Größe und Formen bilden, und sich so vereinigen, daß sie ein Netz oder Garnwerk vorstellen.

Die

*) Ostracion concatenatus. Coffre maillé. Blochs Naturgesch der auslaend. Fische. I. Th. S. 101. pl. 131.
Coffre maillé. Bonnaterre planches de l'Encyclopédie.

Die obere Kinnlade ragt weiter vor, als die untere. Der Kopf hat eine aschgraue Farbe, mit violetten Streifen, und die Seitenflächen sind graulicht violett; der untere Körper ist weiß, und die Flossen röthlich *).

*) Man zählt in den Brustflossen . . . . 13 Strahlen.
in der Rückenflosse . . 10
in der Afterflosse . . 9
in der Schwanzflosse . 8

Das

Das punktirte Vier-Ek *).
(Ostracion pointillé).

Commerson hat diesen Fisch in der See nahe bei der Isle de France gefunden; aber nur Individuen von einem halben Schuh länge gesehen.

Der Fisch hat eine knochichte viereckichte Decke, die aus vier großen Flächen besteht, deren eine auf dem Rücken sizt. Auf dieser festen Hülle bemerkt man eine Menge kleiner, etwas

*) Ostracion tetragonus oblongus muticus, scutis testae indistinctis, toto corpore maculis lenticularibus, sub ventre majoribus guttato. Commersons angeführte Manuscripte.

Wir haben die von diesem Naturforscher hinterlassene Zeichnung stechen lassen.

etwas strahlenförmiger Punkte, wodurch sie wie eingelegt erscheint, sie hat aber keine Knötchen, die deren Oberfläche in vielseitige, mehr oder weniger regelmäßige Felder abtheilen.

Ich habe den Namen, den ich diesen Fisch gegeben, von dieser Art Punktirung seiner knochichten Decke, so wie auch von der Abtheilung seiner Farben abgeleitet. Man sieht nemlich! auf dem ganzen Thier, sowohl auf der festen Decke, als auf den übrigen bloßen Theilen eine unzählige Menge sehr kleiner linsenförmiger weißer Flecken, die auf dem Rükken etwas größer sind, an dem Bauch zuweilen zusammen in einen fließen, und sich um so mehr heben, da sie auf einem braunen Grund zerstreut sind.

Die beiden Kinnladen ragen gleich weit vor; die Zähne haben zuweilen eine dunkle Farbe, und ihre Anzahl beträgt gewöhnlich zehn in der obern und untern Kinnlade.

Unter jedem Auge bemerkt man eine ziemlich breite, flache und sogar eingedrückte

Stelle

Stelle, die auf eine besondere Art verziert ist. Die Schwanzflosse ist abgerundet *).

*) In den Brustflossen zählt man . . . . . 10 Strahlen.
in der Rückenflosse . 9
in der Afterflosse, die ein wenig ausgebreiteter ist, als die Rückenflosse . 11
in der Schwanzflosse . 10

Der

Der Kofferfisch *).

(Ostracion quatre tubercules).

Dieser Beinfisch ist viereckicht wie der punktirte, unterscheidet sich aber von allen Knorpelfischen des ersten Untergeschlechts durch vier große Höker, die auf seinem Rücken in ziemlicher Entfernung von dem Kopf im Viereck stehen. Man findet ihn in den indischen Gewässern.

*) Ostracion tuberculatus. Linné ed. Gmelin.

Ostracion quadrangulus, tuberculis quatuor majoribus in dorso. Artedi gen. 55. syn. 83.

Coffre quadrangulaire á quatre tubercules. Bonnaterre planches de l'Encyclopedie methodique.

Id. Daubenton Encyclopédie methodique.

Piscis maximus quadrangularis, quatuor tuberculis in dorso, longe a capite, insignitus. Willoughby Ichthyol. Append. p. 20.

Der

Der Nasenbeinfisch *).

(Ostracion museau-alongé).

Dieser Fisch ist wegen der Form seiner vorragenden Schnautze merkwürdig, welche zugleich lang und spitzig ist, so daß die Oefnung des Mundes unter derselben Verlängerung steht. In der obern Kinnlade zählt man vierzehn, und in der untern zwölf Zähne. Der Stern im Auge ist gelbgrünlicht, und der Augapfel schwarz.

Die

*) Artedi. gen. 56. n. 3.

Ostracion nasus, Coffre á bec. Blochs Naturgesch. auslaend. Fische. Ir Theil. S. 118. pl. 138.

Coffre á bec. Bonnaterre planches de l'Encyclopédie methodique.

Die knochichte Bedeckung hat vier Seiten, und ist ganz mit figurirten rautenförmigen Schildern bedeckt, deren immer sechs beisammen stehen, so daß sie eine Art aufgeblüheter Blumen vorstellen, welche sechsblätterig und radförmig ist. In der Mitte jeder dieser Blumen erscheinen einige rothe Knötchen. Uebrigens sieht man rothe Flecken auf dem Kopf und Körper, deren Farbe grau ist; andere braune Flecken bemerkt man hin und wieder auf Kopf und Schwanz. Die Flossen sind röthlich *).

*) In den Brustflossen . . 9 Strahlen.
in der Rückenflosse . . 9
in der Afterflosse . . 9
in der abgerundeten Schwanzflosse 9

Der zweihöckerichte Beinfisch *).
(Ostracion deux Tubercules.)

Die harte und feste Schaale dieses Fischs ist vierseitig, und ganz mit kleinen sechseckichten Schildern bedeckt, die mit Strahlenförmig laufenden Punkten besezt sind. Auf dem Kopf sind sie weniger regelmäßig, auf dem Rücken weniger geschieden, dennoch aber eben so leicht voneinander abzusondern, wie die der andern Beinfische.

Die=

*) Ostracion oblongus quadrangularis (muticus) tuberculo cartilagineo supra et infra os; scutis corporis hexagonis punctato radiatis; dorsalibus centro nigricantibus; caudae basi crocea. Commerson angeführte Manuscripte.

Diejenigen dieser Schilder welche auf dem Rücken sitzen, sind in ihrem Mittelpunkt schwarz; die allgemeine Farbe aber der knochichten Bedeckung ist dunkelroth. Alle Flossen sind braun. Die Spitze des Schwanzes, der Augenstern, und die Zwischenräume der Stücke, welche bei den Kiemendeckeln sitzen, sind schön Gelb; der untere Körper aber schmutzig weislicht Gelb.

Die Schnautze ist wie abgestumpft, die Oefnung des Mundes klein; die Zähne, deren zehn in jeder Kinnlade stehen, braun. Am meisten zeichnet sich aber dieser Fisch aus, durch zwei knorpelichte und weislichte Höcker, wovon der eine vor der Oefnung des Mundes, der andere darunter sizt; lezterer ist der grössere.

Die Zunge besteht aus einer Art unförmlichen, etwas runden, und weislichten Knorpel.

Die Oefnung der Nasenlöcher ist eng, und sizt vor und sehr nahe bei den Augen.

Auf

Auf jeder Seite sieht man vier Kiemen, und der hohle Theil der Halbkreise die sie unterstützen, ist fein ausgezackt *).

Die Kenntniß dieser Gattung haben wir Commerson zu verdanken, der sie in der See nahe bei der Insel Praslin beobachtet hat, wo sie wenigstens einen Schuh lang wird.

*) In den Brustflossen . 10 Strahlen.
in der Rückenflosse . 9
in der Afterflosse . . 9
in der runden Schwanzflosse 10

Das stachellose Viereck *).

(Ostracion mouchété.)

Dieser Fisch prangt mit noch schönern Farben, als die so den zweihöckerichten zieren, mit wel chen

*) Ostracion cubicus. Linné ed. Gmelin.
Mus ad fr. I. p. 59.
It. Wgoth. p. 138.
Ostracion quadrangulus maculis variis plurimis. Artedi. gen. 56. syn. 85. n. 8.
Coffre quadrangulaire sans épines. Daubenton Encyclopédie methodique.
Coffre tigré. Bonnaterre planches de l'Encyclopédie.
Piscis mediocris quadrangularis maculosus. Lister ap. Willoughby. p. 20.
Raj. pisc. 45.
Pet. Gaz. 1. tab. 1. fig. 2.

Seba

chem leztern er jedoch große Aehnlichkeit hat. Jeder der sechseckichten Schilder, die man auf der harten Schaale sieht, hat einen weißen oder sehr hellblauen Fleck, mit einem schwarzen Ring umgeben, der ihn noch mehr hebt, und ihm das Ansehen eines Auges mit seinem Augapfel giebt.

Die Brust, Rücken- und Afterflossen sind gelblicht *); der untere Körper hat weiße Flekken auf den kleinen Schildern der festen Decke, und die Zwischenräume sind weißlicht oder gelb. Der Theil des Schwanzes der aus der Schaale herausragt, ist braun mit schwarzen Punkten besäet.

Am

Seba Mus. 3. tab. 24. fig. 4 et 5.

Ostracion tetragonus oblongus muticus, scutis testae hexagonis punctato scabiis, ocello nigro caeruleo in singuli. Commersons angeführte Manuscripte.

Ostracion cubicus, coffre tigré. Blochs Naturgesch. der auslaend. Fische. Ir Th. 4. pl 137.

*) In den Brustflossen 10 Strahlen.
in der Rückenflosse . . 9
in der Afterflosse . . 9
in der runden Schwanzflosse 10

Am meisten zeichnet er sich von der vorigen Gattung dadurch aus, daß er keinen knorpelichten Höcker, weder unter noch über dem Mund hat. Uebrigens sind Commerson zufolg gewöhnlich nur acht Zähne in der obern Kinnlade, und sechs in der untern zu finden. Die harte Schaale in welcher der größte Theil des Thiers eingeschlossen ist, ist länglicht vierseitig, oder vierwinklicht.

Das stachellose Viereck lebt in den warmen Meeren von Ostindien vorzüglich in der Nähe der Isle de France. Sein Fleisch hat einen vortreflichen Geschmack, und man füttert es deswegen in mehrern Gegenden sorgfältig, und hält es in Deichen, in denen es, nach Renards Versicherung, so zahm wird, daß es der Stimme der Rufenden folgt, auf die Oberfläche kommt, und das Futter, das man ihn vorhält, ohne Furcht aus der Hand frißt.

Der

Der Schachtelfisch *).

(Ostracion Bossu.)

Das unterscheidende Kennzeichen dieses vier-winklichten Fischs, dessen harte Bedeckung vier läng-

*) Ostracion gibbosus. Linné ed. Gmelin.

Coffre bossu. Daubenton Encyclopedie methodique.

Id. Bonnaterre planches de l'Encyclopédie.

Ostracion oblongus quadrangulus gibbosus. Artedi gen. 55. syn. 83.

Ostracion alter. Aldrovand. l 4. c. 19. p. 561. Jonston. T. 25. n. 7.

Ostracion alter gibbosus. Aldrov. Lister. ap. Willoughby. p. 156.

Piscis quadrangularis gibbosus. ibid. p. 20. Raj. p. 44.

längliche Seiten vorstellt, besteht in einer höckerartigen Erhöhung, die seine harte Schaale auf dem Rücken bildet. Diese Erhöhung, und die Beschaffenheit seiner Schaale, sind hinreichend, diesen Fisch von allen übrigen seines Gleichen in dem ersten Untergeschlecht, zu unterscheiden. Man fängt ihn gewöhnlich in den afrikanischen Meeren.

Man findet bei Knorr *) die Abbildung und Beschreibung eines Knorpelfischs, den man für einen Beinfisch gehalten, und ihm den Namen Kammträger (Ostracion porte créte) **) gegeben, und der, da er weder Hörner noch große Stacheln hat, in das erste Untergeschlecht dieser Familie gesezt werden müßte, gleich dem Stachelfisch, und andern eigentlichen Beinfischen, von denen wir gehandelt haben.

Untersucht man aber jene Beschreibung und Figur genauer, so erkennt man, daß das Thier

*) Knorr Del nat. selector. p. 56. tab. H. 4. fig. 3.

**) Bonnaterre planches de l'Encyclopédie methodique.

Thier worauf sich beide beziehen, gar keine eigentlich charakteristischen Kennzeichen der Beinfische, sondern vielmehr die der Seeteufel hat, und zwar besonders derjenigen die auf den Seiten zusammengedrückt sind.

Ueberdies ist die Figur nicht genau genug, und die Beschreibung zu kurz, als daß man dessen Gattung darnach bestimmen könnte, die um so schwerer zu entdecken ist, da die Zeichnung und Beschreibung nach einem Individuum gemacht scheinen, welches schon ziemlich verdorben war.

Das

Das Dreihorn *).
(Ostracion trois aiguillons).
Das geperlte Drei-Ek.
(Ostracion Trigone).
Das zweistachlichte Drei-Ek.
(Ostracion deux aiguillons).

Wir fassen dasjenige, was wir über diese drei Gattungen zu sagen haben, in einem Artikel zu-

*) Ostracion tricornis. Linné ed. Gmelin. (Die Stellen verschiedener Naturforscher, welche Gmelin auf das Dreihorn anwendet, beziehen sich auf andere Beinfische; und dasjenige, was die B. B. Daubenton und Bonnaterre in der Encyclopédie methodique von dem Dreihorn gesagt haben, muß auf den Lister angewendet werden).

Ostracion trigonus. Linné ed. Gmelin. It. Scan. 160.

Ostra-

zusammen, weil wir nur wenig Verschiedenheiten unter ihnen anzuzeigen haben.

Das

Ostracion triangulus, limbis figurarum hexagonarum eminentibus, aculeis duobus in imo ventre. Artedi gen. 56. syn. 85. Ibid. n. 12.

Ostracion trigonus, coffre á perles. Blochs Naturgesch. auslaend. Fische. Ir Th. S. 110. pl. 135.

Piscis triangularis Clusii, cornibus carens. Willoughby. p. 156. Raj. p. 44.

Coffre triangulaire tuberculi á deux épines. Daubenton Encyclopédie methodique.

Id. Bonnaterre planches de l'Encyclopédie.

Ostracion bicaudalis. Linné ed. Gmelin.

Ostracion triangulatus, tuberculis hexagonis radiatis, aculeis duobus in imo ventre. Artedi gen. 57. syn. 85.

Seba Mus. 3. tab 24. fig. 3.

Piscis triangularis parvus, non nisi imo ventre connutus. Lister ap. Willoughby. p. 20. Raj. p. 45.

Coffre triangulaire chagriné á deux épines, Daubenton Encyclopédie methodique.

Id. Bonnaterre planches de l'Encyclopédie methodique.

Ostracion bicaudalis, coffre deux piquans Blochs Naturgesch. der auslaend. Fische. Ir Th. S. 103. pl. 132.

Das Dreihorn, welches zu dem zweiten Untergeschlecht gehört, hat bei den Augen zwei große Verlängerungen seiner knochichten Schaale, welche stachelförmig gebildet, und vorwärts stehen. Einen dritten solchen Stachel hat es auf dem obern Theil des Körpers, und lebt in den Indischen Meeren, so wie das geperlte, und das zweistachlichte Dreieck.

Diese beiden leztern haben viele Aehnlichkeit mit einander. Beide gehören zum dritten Untergeschlecht, und haben keine Stacheln auf dem Kopf, aber ihre harte, dreiwinklichte Schaale, die so wie die des Dreihorns aus drei länglichten Flächen besteht, endigt sich beim Schwanz und an beiden Winkeln der untern Fläche in einen langen, hinterwärts gerichteten Stachel.

Dem ersten Anblick nach weiß man das geperlte von dem zweistachlichten Dreiek nicht gut zu unterscheiden. Hier sind die vornehmsten Abweichungen, die sie von einander auszeichnen. Die Schilder oder sechseckichten Schaalen des ersten dieser beiden sind mehr gewölbt als die des zweiten, und zeichnen sich

durch

durch stärkere Knötchen aus, die man mit Perlen verglichen. Ferner sind die zwei Stacheln unter dem Schwanz des geperlten der länge nach gereift, statt daß sie bei dem zweistachlichten beinah ganz glatt sind. Endlich hat die Rückenflosse des geperlten *) gemeiniglich vierzehn, die des zweistachlichten **) aber nur zehn Strahlen.

Wenn man das geperlte Dreieck fangen will, so läßt es wie das alte Weib, und wahrscheinlich wie alle Beinfische, eine Art kleines Geräusch hören, das durch die luft oder das luftartige Gas verursacht wird, welches aus dem zusammengedrückten Körper schnell herausdringt.

*) In den Brustflossen . 12 Strahlen.
in der Rückenflosse . 14
in der Afterflosse . 12
in der abgerundeten Schwanzflosse . . . 7

**) In den Brustflossen . 12 Strahlen.
in der Rückenflosse . 10
in der Afterflosse . 10
in der abgerundeten Schwanzflosse 10

bringt. Dies Gezisch hat man mit einem Grunzen verglichen, daher der Name Seeschwein (cochon de mer) kommt, den man diesen und andern Fischen beigelegt hat. Sein Fleisch ist übrigens hart, und von schlechtem Geschmack.

Das vierstachlichte Drei-Ek *).
(Ostracion quatre aiguillons).
und
Listers Beinfisch.
(Ostracion Lister).

Diese beiden sind in dem vierten Untergeschlecht ihrer Familie begriffen. Beide haben eine

*) Ostracion quadricornis. Linné ed. Gmelin.

Ostracion triangulatus, aculeis duobus in fronte, et totidem in imo ventre. Artedi. gen. 56. syn. 85.

Coffre triangulaire á quatre épines. Daubenton Encyclopédie methodique.

Id. Bonnaterre planches de l'Encyclopédie.

Piscis triangularis Clusii cornutus. Raj. pisc. p. 44.

Ostracion

eine dreiwinklichte Bedeckung, und beide haben vier Stacheln, nemlich zwei bei den Augen, und zwei unter dem Schwanz, an den beiden Winkeln, welche die untere Fläche der knochichten Bedeckung endigen.

Sie unterscheiden sich aber von einander, durch die Beschaffenheit des Schwanzes, auf welchem man bei dem Lister einen harten, spitzigen Stachel, so lang als die Afterflosse be-

Ostracion quadricornis, coffre quatre piquans. Blochs Naturgesch. der auslaend. Fische. Ir Th. S. 108. pl. 134.

Lister ap. Willoughby Ichth. p. 19.

Ostracion triangulatus aculeis duobus in capite et unico longiore superne ad caudam. Artedi. gen. 56. syn. 85.

Coffre triangulaire à trois épines. Daubenton Encyclopédie methodique.

Id. Bonnaterre planches de l'Encyclopédie.

(Artedi, Daubenton und Bonnaterre sahen die beiden Stacheln nicht, welche am Ende der untern Fläche der Schaale und unter dem Schwanz sitzen; daher die beiden leztern, wie auch Herr Gmelin den Beinfisch, den wir Lister nennen, mit dem Dreihorn verwechselt haben).

bemerkt, während man auf dem des vierstachlichten nichts dergleichen wahrnimmt *).

Dieser lange und harte Stachel sitzt bei dem Lister auf dem Theil des Schwanzes, der außer der Schaale ist, und zwar näher bei der Schwanzflosse, als bei dem Ende der festen Schaale.

Die Rückenflosse des Listers sitzt näher bei dem Kopf, als die des Afters. Auf dem Schwanz sieht man, so lange das Thier lebt, keine Schuppen; auf den Rücken und an den Seiten des Kopfs bemerkt man große wellenförmige Flecken, und wir haben ihm den Namen Lister beigelegt, weil wir dessen Kenntniß dem gelehrten Lister zu danken haben.

Es ist nicht bekannt, in welchen Gegenden sich dieser Beinfisch aufhält, der Vierstachlichte bewohnt die indischen Gewässer, und hält sich nahe an den Küsten von Guinea auf.

*) In den Brustflossen des Vierstachlichten 11 Strahlen.
in der Rückenflosse . 10
in der Afterflosse . . 10
in der Schwanzflosse . 10

Der Seestier *).
(Ostracion quadrangulaire)
und der
Thurmträger **).
(Ostracion Dromadaire).

Beide hier genannten Beinfische haben eine vierseitig länglichte harte Decke, doch sind diese vier

*) Ostracion cornutus. Linné ed. Gmelin.
Mus. ad. fr. I. p. 59.
Gronov. mus. 1. n. 118.
Willoughby Ichthyol. tab. I. 13. fig. 1.
Piscis cornutus. Bont. Jav. 79.
Edw. Glan. pl. 284. fig. 1.
Seba Mus. 3. tab. 24. fig. 8 & 13.
Coffre quadrangulaire à quatre épines.
Daubenton Encyclopédie methodique.
Id.

vier Seiten regelmäßiger bei dem Seestier, als bei dem Thurmträger. Ersterer hat überdies, so wie der Vierstachlichte und der Lister vier starke und lange Stacheln oder Hörner. Zwei davon sitzen unter dem Schwanz, nach hinten zu gerichtet, und sind an den beiden Winkeln der Schaale befestigt, die beiden andern sitzen bei den Augen, vorwärts gekehrt, und gleichen im kleinen den Hörnern eines Stiers, daher

Id. Bonnaterre planches de l'Encyclopédie.

Ostracion cornutus; Coffre taureau de mer. Blochs Naturgesch. auslaend. Fische. Ir Th. S. 105. pl. 113.

Holosteus cornutus. Plumiers Dessins sur velin.

**) Ostracion turritus. Linné ed. Gmelin.

Forskael. faun. arab. p. 75. n. 113.

Ostracion turritus, coffre chameau marin. Blochs Naturgesch. auslaend. Fische. Ir Th. S. 113. pl. 136.

Ikan toc tombo ekor tiga. Valentyn. Ind. 3. p. 396. n. 159.

Coffre chameau marin. Bonnaterre planches de l'Encyclopédie.

Knorr Delice de la nature. pl. H. 1. fig. 1 & 2.

der Name Seestier gekommen. Er bewohnt die indischen Meere; sein Fleisch ist hart *).

Der Thurmträger wird gleichfalls in den Ost-Indischen Meeren gefunden, doch ist er auch in dem rothen Meer gesehen worden. Mitten auf der obern Fläche seiner festen Decke erhebt sich ein sehr starker Höker, der manchmal kegelförmig, manchmal einer dreiseitigen Pyramide ähnlich, gemeiniglich sehr breit an seiner Basis ist, und sich oben immer in einen dicken Stachel endigt, der gekrümmt, gereift, und ein wenig rückwärts gebogen ist.

Ein ähnlicher aber kleinerer Stachel steht senkrecht über jedem Auge, und andere sehr starke, gekrümmte und gereifte Spitzen bemerkt man an beiden Seiten der untern Fläche der Decke. Diese untern und Seitenspitzen sind der Zahl nach verschieden, je nach dem Alter des Thiers, und zwar zählt man auf jeder

Seite

*) In den Brustflossen . 10 Strahlen.
in der Rückenflosse . 9
in der Afterflosse . . 9
in der runden Schwanzflosse 10

Seite drei bis fünf. Die auf der knochichten Schaale sitzenden Buckeln bilden daselbst dreieckichte Figuren, welche vereinigt Sechsecke darstellen, so wie bei allen Beinfischen, und diese Sechsecke sind durch Zwischenräume getrennt, die ein wenig durchsichtig sind *).

Der Thurmträger hat auf seiner Decke eine graugelblichte Farbe; die übrigen Theile desselben sind braun, und man sieht an mehrern Stellen des Körpers und des Schwanzes braune runde Flecken.

Dieser Fisch hat den Namen Seekameel, (Chameau marin) erhalten, wir haben aber der des Dromedars, (Dromadaire) vorgezogen, weil das Thier nur einen Hökker auf dem Rücken hat. Er erreicht übrigens eine Länge von anderthalb Schuh, und sein Fleisch ist zähe und unangenehm von Geschmack.

Wir

*) In den Brustflossen des
Thurmträgers . . 10 Strahlen.
in der Rückenflosse . . 9
in der Afterflosse . . 9
in der abgerundeten Schwanzflosse 10

Wir sehen also, daß das Fleisch des Thurmträgers, des Seestiers, des vierstachlichlichten und des geperlten Dreiecks hart und von unangenehmen Geschmack ist. Es scheint also, daß alle, oder beinahe alle Beinfische mit Hörnern dergleichen zähes Fleisch haben, während dasjenige der übrigen Fische dieses Geschlechts, die keine Stacheln haben, zart und schmackhaft ist.

Die Verschiedenheit in der Güte des Fleischs ist oft ein Zeichen von der Verschiedenheit des Geschlechts. Das Daseyn der Stacheln, oder anderer mehr oder minder starker Waffen kann gleichfalls ein Merkmal derselben Verschiedenheit abgeben. Man hat noch keine genaue Beobachtungen über die Veränderungen der Formen, welche dem einen oder dem andern Geschlecht der gegenwärtigen Fischklasse eigen seyn können. Wenn man erst die Beinfische genauer kennt, so wird sich vielleicht finden, daß die, welche Stacheln haben, die Männchen derjenigen sind, die keine haben.

Alsdenn wird man vielleicht den Thurmträger für das Männchen des Stachelfischs;

fischs; den Seestier für dasjenige des stachellosen Vier-Eks; das vierstachlichte Drei-Ek, dessen Schaale nur drei länglichte Seiten hat, für dasjenige des stachellosen Drei-Eks nehmen. Aber bei dem gegenwärtigen Zustand unserer Kenntnisse bleibt uns nichts übrig, als die Beinfische, die in ihrer Bildung so sehr von einander abweichen, wie diejenigen, die wir hier als besondere Gattungen dargestellt haben, auch als verschiedene Gattungen zu beschreiben.

Eilftes Geschlecht.
Stachelbäuche.
(Tetrodons.)

Knochichte vorragende Kinnladen, deren jede in zwei Zähne abgetheilt ist.

Erstes Untergeschlecht.

Die beiden Kinnladen ungleich vorragend; der Körper nicht zusammengedrückt.

Gattungen.	Kennzeichen.
1. Der Schildkrötenfisch. (Tetrodon perroquet.)	Die obere Kinnlade weiter vorragend als die untere, ganz kleine Stacheln an dem Bauch.

2. Der

Gattungen.	Kennzeichen.
2. Der Stern-Stachelbauch. (Tetrodon étoilé.)	Die obere Kinnlade weiter vorragend als die untere, kleine Stacheln auf dem ganzen Körper; die Basis der an den Seiten und auf dem Bauch zerstreuten Stacheln, fünf bis sechsstrahlicht sternförmig.
3. Der punktirte Stachelbauch. (Tetrodon pointillé)	Die obere Kinnlade weiter vorragend als die untere; kleine Stacheln an dem ganzen Körper; die Basis der an den Seiten und auf dem Bauch sitzenden Stacheln fünf bis sechsstrahlicht sternförmig; schwarze Punkte an dem Bauch; die Rükkenflosse beinah liniengerad, und ohne bestimmte Strahlen.

4.

Gattungen.	Kennzeichen.
4. Der ungeflekte Stachelbauch. (Tetrodons sans tache.)	Die obere Kinnlade weiter vorragend als die untere; kleine Stacheln auf dem Körper, welcher ganz flekkenlos ist; kleine Augen die sehr nah an der Schnautzenspitze stehen.
5. Der Seekröpfer. (Tetrodon hérissé.)	Die untere Kinnlade weiter vorragend als die obere; der ganze Körper mit kleinen Stacheln besezt.

6. Der

Gattungen.	Kennzeichen.
6. Der schwarzgeflekte Stachelbauch. (Tetrodon moucheté.)	Die untere Kinnlade weiter vorragend als die obere; der ganze Körper mit sehr kleinen Stacheln besezt; schwarze Flekken auf dem Rükken, auf dem Schwanz, und der Schwanzflosse; die Brustflossen abgerundet.
7. Der getiegerte Stachelbauch. (Tetrodon Honkéuien.)	Die untere Kinnlade vorragender als die obere; Stacheln an dem Bauch; die Seitenlinie sehr merklich sichtbar.

Zweites Untergeschlecht.

Die beiden Kinnladen gleich weit vorragend; der Körper nicht zusammengedrückt.

Gattungen.	Kennzeichen.
8. Der Hasenkopf. (Tetrodon Lagocéphale.)	Der Bauch mit dreistachlichten Sternen besezt.
9. Der gestreifte Stachelbauch. (Tetrodon rayé.)	Der länge nach laufende Streifen, vor jedem Auge eine mit zwei Faden versehene Warze.
10. Der geflekte Stachelbauch. (Tetrodon croissant.)	Einen halbmondförmigen Streif auf dem Rükken.
11. Der Windbeutel. (Tetrodon mal armé.)	Stacheln die beinah allein auf der vordern Seite des Bauchs sizen; zwei Seitenlinien auf jeder Seite.

Gattungen.	Kennzeichen.
12. Der Zottenfisch. (Tetrodon Spenglerè.)	Viele kurze Fasern und Stacheln auf dem Körper.
13. Der gestreckte Stachelbauch. (Tetrodon alongé.)	Der Körper sehr gestreckt; zwei sehr merkliche Seitenlinien auf jeder Seite; eine Spitze an dem Deckel der Kiemen.
14. Der Langschnabel. (Tetrodon museau-alongé.)	Die beiden Kinnladen weit vorragend.
15. Stachelbauch Plumier. (Tetrodon Plumier.)	Anstatt der ersten Rükkenflosse eine pyramidenförmige vierseitige gelbe Erhöhung, die rückwärts gebogen ist.
16. Der braune Stachelbauch. (Tetrodon Méléagris.)	Der Kopf, der ganze Körper, der Schwanz und die Flossen braun; mit kleinen linsenförmigen weißen Flekken besäet.

Gattungen.	Kennzeichen.
17. Der elektrische Stachelbauch. (Tetrodon éléctrique.)	Eine Menge Flekken von rother, grüner, weißer und anderer Farbe auf dem Körper.
18. Der Dikkopf. (Tetrodon - grosse tête.)	Einen sehr dikken Kopf.

Drittes Untergeschlecht.

Der Körper an den Seiten sehr zusammengedrückt.

Gattungen.	Kennzeichen.
19. Der schwimmende Kopf.) (Tetrodon Lune.)	Keine Stacheln; die Flossen des Rükkens, des Schwanzes und des Afters vereinigt.

Der

Der Schildkrötenfisch *).
(Tetrodon Perroquet).

Diejenigen Knorpelfische, die wir nun untersuchen wollen, haben den Namen Tetrodon

d.

*) Tetrodon testudineux. Linné ed. Gmelin. Amoen. Acad. I. p. 309. tab. 14. fig. 3.

Ostracion oblongus glaber, capite longo, corpore figuris variis ornato. Artedi. gen. 60. syn. 86 n. 23.

Tetrodon testudineus, tête de Tortue. Blochs Naturgesch. der auslaend. Fische. Ir Theil. S. 123. pl. 139.

Orbis oblongus testudinis capite. Clusii exot. l. 6. c. 26.

Willoughby. p. 147.

Raj. p. 43.

Quatre

d. h. Vielzahn erhalten, wegen der besondern Bildung ihrer Kinnladen. Leztere sind wirklich breit, hart, knochicht, vorragend, zuweilen vorn abgerundet, und jede an diesem vordern Theil durch einen senkrechten Einschnitt in zwei Theile abgetheilt, denen man den Namen Zähne gegeben.

Diese vier Zähne, oder diese vier Abtheilungen der knochichten Kinnladen, welche vor den Lippen herausstehen, sind gewöhnlich gezähnelt, und haben viele Aehnlichkeit mit den harten, gezahnten Kinnladen der Schildkröten. Bei den Gattungen, wo der vordere Theil etwas spitzig zuläuft, gleichen diese Kinnladen Abtheilungen ein wenig den Schnabelkiefern eines Papagayen, und daher rührt der französische Name, den wir dem gegenwärtig zu beschreibenden Stachelbauch gegeben haben.

Diese vor die Lippen vorragenden, starken und gezahnten Kinnladen sind sehr geschickt, die

Quatre dents perroquet. Daubenton Encyclop. methodique.

Id. Bonnaterre planches de l'Encyclopédie methodique.

die Schaal- und Muschelthiere zu zerquetschen, mit denen sich die Stachelbäuche sehr oft nähren. Diese Fische haben vermöge dieses Appetits nach Thieren, die mit einer Schaale oder Muschel bedeckt sind, eine Aehnlichkeit des Instinkts mit den Beinfischen, denen sie übrigens in mehrern Zügen ihrer Bildung ähnlich sind.

So wie die Beinfische haben sie eine Kiemenhaut und einen Kiemendeckel; die Haut hat gewöhnlich keine Strahlen, und der Dekkel, der mehr oder weniger schwer zu unterscheiden ist, besonders an getrockneten oder sonst veränderten Individuen, besteht gemeiniglich aus einer kleinen knorpelichten Scheibe.

Diese Fische haben von der schaffenden Macht nicht jene feste Hülle erhalten, durch welche der größte Theil des Körpers der Beinfische vor den Zähnen mehrerer starker und gut bewafneter Fische beschützt wird. Die Natur hat ihnen ferner nicht die breiten und dicken Schilder gegeben, mit denen sie den Rücken der Stöhre beschützt hat, eben so wenig haben sie die dicke Haut der Hornfische.

Dagegen ist ein größerer oder kleinerer Theil ihrer Oberfläche, und zwar beinahe bei allen Gattungen dieses Geschlechts mit kleinen Stacheln besetzt, deren Menge die Kürze ersetzt. Diese Stacheln verletzen die Hand, die sie festhalten, oder das Thier, daß sie packen will, stark genug, daß man nachlassen, und den Fisch frei lassen muß. Merkwürdig ist es dabei, daß die einzige Gattung dieses Geschlechts, die man ganz stachellos gefunden, zu ihrer Vertheidigung mit Größe und Stärke ausgerüstet worden.

Aber außer diesen, wo nicht sehr sichtbaren, wenigstens vielfachen Waffen, besitzen die Stachelbäuche ein anderes Vermögen, welches ihnen unter vielen Umständen sehr nützlich, und daß sie beinah in einem höhern Grad besitzen, als alle bekannten Fische.

Wir haben gesehen, daß die Hornfische und andere Knorpelfische einen Theil ihres Körpers nach Belieben mehr oder weniger stark aufblasen können. Auf dieselbe Art blasen die Stachelbäuche ihren untern Theil auf, und können diesen Theil eine so beträchtliche Aus-

deh-

dehnung geben, daß er wie eine große aufgetriebene Kugel wird, an deren obern Theil zuweilen der eigentliche Körper gleichsam verschwindet, so cylindrisch oder konisch übrigens seine Form seyn mag.

Dieses Vermögens bedienen sie sich, und machen sich mehr oder weniger rund, je nach den verschiedenen Bedürfnissen, die ihnen vorfallen, und durch diese mehr oder weniger beträchtlichen Aufblasungen sind die Irrungen mehrerer Beobachter entstanden, welche Fische von einerlei Gattung, aber ungleich stark aufgeblasen für verschiedene Gattungen angesehen haben.

Welches ist aber der Theil ihres Körpers, den die Stachelbäuche durch atmosphärische Luft, Gas, oder sonst ein luftartiges Fluidum so aufblasen können? Es ist eine Art Beutel, der durch eine Haut gebildet wird, die zwischen den Eingeweiden und dem Darmfell, daß sie bedeckt, sitzt, und dieses sehr biegsame Häutchen macht zugleich die innere Bedeckungshaut des Darmfells aus.

Uebrigens hat einer unserer besten Ichthyologen Herr D. Bloch gefunden, daß der innere Theil dieses Beutels mit der Kiemenhöhle in Verbindung steht. Er hat ihn sogar aufgeblasen, indem er durch die Kiemenöfnung hineinbließ, und dies Faktum könnte vielleicht zur Bestätigung dessen dienen, was wir über den Gebrauch und die Wirkung der Fischkiemen gesagt haben *).

Dem sey wie ihm wolle, so haben die benachbarten Theile dieses Sacks oder Beutels gleiche Biegsamkeit, geben seiner Ausdehnung nach, und dehnen sich selbst aus. Da auch die Haut des Thiers, welche ziemlich dünn und faltigt ist, sich gleichfalls stark ausdehnen kann, so bläßt sich der ganze untere Körper des Stachelbauchs, und selbst die Seiten so stark auf, daß sie eine mehr oder weniger runde Kugel vorstellen, die im Verhältniß des Umfangs des Fisches so groß wird, daß wenn man ihn in diesem Zustand schwimmen sieht, man glaubt eine auf dem Wasser schwimmende Kugel zn sehen.

Die

*) In der Abhandlung über die Natur der Fische.

Die Stachelbäuche blasen sich hauptsächlich dann so auf, wenn sie sich erheben wollen; sie füllen alsdann ihren Körper mit einem Fluidum an, welches leichter als das Wasser, und vermehren dadurch ihre spezifische Leichtigkeit. Dahingegen drücken sie den Sack ihres Darmfells zusammen, wenn sie leichter in die Tiefe des Meers heruntersteigen wollen, und der untere Theil ihres Körpers ist für sie eine zweite Schwimmblase, welche vielleicht wirksamer als ihre eigentliche Luftblase, obgleich letztere im Verhältniß mit der Größe des Thiers ziemlich ausgedehnt ist.

Ferner blasen sich die Stachelbäuche auf, wenn sie angegriffen werden, und zwar blähen sie sich nicht blos deswegen auf, um ihren Feinden einen größern unbequemern Umfang entgegen zu setzen, sondern weil in diesem Zustand der Anspannung der Häute die kleinen Stacheln desselben aufgerichtet und herausgedrückt werden.

Der erste dieser Gattung, den wir hier untersuchen, ist der Schildkrötenfisch, welcher seinen Namen von der Form seiner Kinnladen

laden erhalten, deren obere weiter vorsteht, als die untere, und die mit dem Schnabel des Papagayen mehrere Aehnlichkeit haben, als die der übrigen Fische desselben Geschlechts.

Wenn dieser Fisch nicht aufgeblasen ist, so hat er einen langen Körper wie beinah alle Stachelbäuche, die man in diesem Zustand minderer Ausdehnung gesehen hat. Die Augen sind dick, und vor jedem derselben steht ein Nasenloch, welches mit einer Haut verschlossen, an deren beiden Enden man eine Oefnung sieht, die der Schildkrötenfisch nach Belieben verschließen kann, indem er sie ausdehnt.

Die Kiemenöfnung ist eng, ein wenig halbmondförmig, in senkrechter Richtung, und sitzt auf jeder Seite vor der Brustflosse, welche abgerundet, und oft eben so weit von der Spitze der Schnautze, als von der Afterflosse entfernt ist.

Die After- und Rückenflosse sitzen beinah über einander, und bilden ohngefähr dieselbe Fläche und dieselbe Figur dar. Die Schwanzflosse ist abgerundet, und da dieser Fisch so we-

wenig als andere Stachelbäuche durch eine dicke feste Haut in der Bewegung seines Schwanzes und dessen Flosse gehemmet wird, und sie sich übrigens leicht in dem Wasser erheben können, so ist zu vermuthen, daß diese Thiere, die gewissermaßen ihre Kraft blos dazu brauchen, sich fortzubewegen, das Vermögen haben, sehr schnell zu schwimmen.

Dieser Fisch hält sich gewöhnlich in dem Indischen Meer auf. Sein oberer Theil hat gewöhnlich eine braune Farbe, mit weißen Flekken und verschiedenen Figuren. Die Seiten sind weiß, mit unregelmäßigen Streifen versehen, welche nach der Länge hinlaufen, und eine dunkle Farbe haben.

Die Haut des Bauchs ist mit Stacheln besetzt, welche beinah ganz in kleinen Vertiefungen versteckt liegen, welche verschwinden, wenn das Thier sich aufbläht, und die Haut gespannt wird *).

*) Man zählt in den Brustflossen . . . . . 14 Strahlen.
in der Rückenflosse . . 6
in der Afterflosse . . 6
in der Schwanzflosse . 9

Der

Der Stern-Stachelbauch *).

(Tetrodon étoilé.)

Wir haben die Beschreibung dieses Fischs in Commersons Schriften gefunden, der ihn unter andern Fischen gesehen, die man auf den Markt der Insel St. Maurice, bei Isle de France brachte.

Commerson vergleicht die Größe desselben, wenn er so stark als möglich aufgeblasen ist, derjenigen eines Spielballs, dessen Form er auch ziemlich hat, den Schwanz ausgenommen, der mehr oder weniger lang ist. Die Farbe dieses Fischs ist grau, auf dem Rücken aber dunk-

*) Tetrodon cinereus, nigro guttatus, hispidus setis e basi stellata exortis. Commersons angeführte Manuskripte.

dunkler, und dieser ist so wie der Schwanz mit kleinen, beinah runden, dichtstehenden Flekken besäet, der untere Theil des Körpers hat eine hellere Farbe, und ist ohne Flecken, ausgenommen bei dem After, wo man eine Art gefärbten Ring sieht, der sehr dunkelschwarz ist.

Der ganze Fisch ist mit steifen Stacheln, von ein bis zwei linien länge besezt; die so auf dem Rücken sitzen, sind kürzer, und rückwärts gebogen, die übrigen stehen gerad, wenigstens wenn der Bauch aufgeblasen ist, und sind in einer sternförmigen, fünf bis sechsstrahlichten Basis befestigt.

Wir werden eine ähnliche Basis an den Stacheln mehrerer anderer Fische finden, hauptsächlich bei den meisten sogenannten Igelfischen. (Diodone) Diese Stacheln ersetzen auf gegenwärtigen Fisch, so wie auf den meisten andern Stachelbäuchen die eigentlichen Schuppen.

Die obere Kinnlade ragt etwas weiter vor, als die untere, und die beiden Zähne, womit jede derselben versehen ist, sind weiß, breit, mit schneidenden Rändern versehen, und stehen vorn an der Schnauze sehr dicht beisammen.

Die

Die Augen werden durch einen etwas eingedrückten Zwischenraum getrennt, und sitzen so, daß das Thier leichter in die Höhe, als auf die Seiten sehen kann.

Man bemerkt keine Seitenlinie.

Die am Ende abgerundete Rückenflosse ist mehr hoch als breit, und an einem Gelenk befestigt, welches ihr das Ansehen giebt, als wenn sie auf einem Stiel fest säße *). Die Schwanzflosse ist rund, und der nächste Theil des Schwanzes ohne Stacheln.

Der von Commerson beobachtete Fisch, war dreizehn Zoll lang, und wog ohngefähr zwei Pfund.

*) In den Brustflossen . 17 Strahlen.
in der Rückenflosse . . 10
in der Afterflosse . . 10
in der Schwanzflosse . 9

Der

Der punktirte Stachelbauch *).
(Tetrodon pointillé).

Wir liefern diese Beschreibung abermals nach Commersons Handschriften, welcher einen solchen Fisch von seinem Freund Dechamps erhalten.

Dieser Stachelbauch ist beinah an allen seinen Theilen gebildet, wie der vorige, vorzüglich ragt die obere Kinnlade stärker vor als die untere, und die Basis seiner Sternförmigen Stacheln ist eben so beschaffen, wie die des Stern-Stachelbauches.

Allein

*) Tetrodon hispidus, punctis in dorso, guttis in ventre defluentibus atris, prima dorsi lineari spuria. Commersons angeführte Manuscripte.

Allein er unterscheidet sich von letzterm durch andere Farben, denn der obere Theil seines Körpers ist braun, mit kleinen schwarzen Punkten gefleckt; der untere aber weißlicht mit großen unregelmäßigen aber noch schwärzern Flecken besetzt.

Seine Brustflossen haben an ihrer Basis einen breiten schwarzen Streif, und sind auf ihrer übrigen Oberfläche bleifarbig und ohne Flecken.

Die Rückenflosse ist sehr schmal, beinah liniengerad, und zeigt keinen merklichen Strahl, welches letztere Kennzeichen nach Commersons Meinung hinreicht, um ihn von dem Stern-Stachelbauch zu unterscheiden *).

*) In den Brustflossen . 20 Strahlen.
in der abgerundeten
Schwanzflosse . . 9

Der ungefleckte Stachelbauch.

(Tetrodon sans tache).

Bei diesem Fisch ragt die obere Kinnlade über die untere vor, und er unterscheidet sich von den übrigen Stachelbäuchen, welche eben dieses Kennzeichen haben, durch die Stellung und das Maaß seiner Augen, welche sehr klein sind, und nahe an der Spitze der Schnautze stehen. Er unterscheidet sich ferner durch seine Farbe, welche an dem Bauch und an den Rändern der Brustflossen heller ist, als an dem übrigen Körper, die aber übrigens ganz ohne Flecken ist. Beinah die ganze Oberfläche des Fischs ist mit kleinen Stacheln besetzt.

Die Abbildung dieses Fisches ist nach den Zeichnungen Commersons verfertigt.

Der

Der Seekröpfer *).

(Tetrodon herissé).

Dieser hält sich in dem Indischen und dem mittländischen Meer auf, wo man ihn vorzüg-

*) Pesce colombo in mehrern Gegenden Italiens.

Flascopsaro in verschiedenen Gegenden der Levante.

Tetrodon hispidus. Linné ed. Gmelin.

Lagerström. Chin. p. 23.

Ostracion tetrodon sphaericus, aculeis undique exiguis. Artedi. gen. 58. syn. 83.

Ostracion maculosus, aculeis undique densis exiguis. Id. gen. 58. syn. 85. n. 15.

Quatre dents herissé. Daubenton Encyclopédie methodique.

Id.

züglich an den nördlichen Küsten von Afrika, bei der Mündung des Nils und anderer Flüsse findet, deren Gewässer von den in der Nähe dieser Ufer liegenden Bergen herabkommen.

Die Alten haben diesen Fisch bereits gekannt, und Plinius erwähnt dessen unter dem

Id. Bonnaterre planches de l'Encyclopédie methodique.

Flascopsaro. Rondelet hist. des poissons. Ite partie. liv. 15. ch. 1.

Orbis. Plin. hist. mundi. lib. 32. c. 2.

Orbis primus Rondeletii. Willoughby. p. 143.

Flascopsari, orbis, orchis. Bellon voyages. liv. 2. ch. 32.

Isidor. hispan. l. 12. c. 6.

Salvian. f. 208. b. ad iconem et 209.

Jonston lib. 2. t. 2. c 5; t. 24. n. 9.

Orbis vulgaris. Charleton Onomast. p. 154.

Orbis vel Orchis. Gessner. p. 631. 744.

Orbis species ex Gessnero. Aldrovand. l. 4 c. 15. p. 554.

Tetrodon hispidus. Flascopsaro. Blochs Naturgesch. auslaend. Fische. Ir Theil. S. 130. pl. 142.

dem Namen Orbis, den ihm mehrere Autoren beibehalten, und dem er auch durch seine Form mehr als alle andere Stachelbäuche entspricht, wenn er sich aufbläht, und sich so stark als möglich ausdehnt.

In diesem Zustand der Aufblähung gleicht er um so mehr einer Kugel, weil die Ausdehnung sich bis unterhalb des Schwanzes beinah bis ans Ende desselben erstreckt, so daß man den Fisch nur einen kleinen Theil der Schnautze und die Schwanzflosse abschneiden dürfte, um eine wahre Kugel aus ihm zu machen.

Daher sagt auch Plinius, daß dieser Fisch gewissermaßen aus einem Kopf ohne Körper bestehe; allein man könnte ihn mit Rondelet und andern besser mit einem Körper ohne Kopf vergleichen, weil es sein unterer Theil ist, der durch Aufblähen vermittelst irgend einer Flüssigkeit, ihm seinen Umfang und seine Ründung giebt.

Die untere Kinnlade ragt vor der obern vor, und die ganze Fläche seines Körpers ist mit kleinen Stacheln besetzt.

Seine Farbe ist dunkel auf dem Rücken, und hell auf den Seiten und unter dem Bauch. Beide Farbennuancen werden durch eine sehr

ge-

gekrümmte Linie von einander geschieden, so daß der braune Theil auf jeder Seite mitten in dem weißlichten, durch vier schmälere oder breitere, lange und unregelmäßige Querstreifen geht.

Wir haben in Commersons Papieren eine Abbildung des Seekröpfers nach der Natur gezeichnet gefunden, die wir haben stechen lassen. Der obere Körper scheint mit sehr kleinen, runden, weißen, im Quinkunx sitzenden Flecken besäet. Wir wissen nicht genau, ob diese weiße Flecken eine Veränderung des Alters, des Landes oder des Geschlechts anzeigen, oder ob in den verschiedenen Zeichnungen und Beschreibungen des Seekröpfers diese Flecken vergessen worden, vielleicht weil die beschriebenen Individuen bereits eine Veränderung erlitten hatten.

Die Brustflossen endigen sich halbmondförmig; die After- und Rückenflosse sind sehr klein, und die des Schwanzes abgerundet *).

*) In den Brustflossen . 17 Strahlen.
in der Rückenflosse . 9
in der Afterflosse . 10
in der Schwanzflosse . 10

Dieser Fisch ist kein gutes Essen, denn er hat zu viel ausdehnbare, und zu wenig fleischichte Theile. In mehrern Gegenden an den Ufern der mittländischen See oder der andern Meere, die er bewohnt, hat man ihn oft in seinem Zustand der Aufblähung sorgfältig getrocknet, und mit leichten Materien ausgefüllt, um seine Rundung zu erhalten. In diesem Zustand hat man ihn auf Kirchen und andere Gebäude statt eines Wetterhahns gestellt, und wirklich mußte sein präparirter und beweglich gemachter Schwanz sich immer nach dem Punkt des Horizonts zukehren, welcher der Richtung des Windes entgegengesetzt ist.

Da dieser Fisch mitten in den gesalzenen Wassern der mittländischen See lebt, so darf man nicht staunen, daß man Individuen dieser Gattung unter den versteinerten Fischen gefunden, die man in so großer Menge in dem Berg Bolca bei Verona angetroffen, und von denen man angefangen, eine sehr schöne Beschreibung herauszugeben, deren wir bereits erwähnt, und die von dem Grafen Gazola und andern berühmten Physikern zu Verona unternommen worden *).

*) Ichthyolithologia Veronensis, pars secunda. tab. 8. fig. 3.

Der

Der schwarzgefleckte Stachelbauch *).
(Tetrodon mouchété.)

Commerson hat diesen Fisch in den verschiedenen Vertiefungen der Insel Praslin beobachtet, und genau beschrieben. Er vergleicht die Dicke dieses Fischs in seinem aufgeblähten Zustand, dem Kopf eines neugebohrnen Kindes Beinah an allen seinen Theilen ist die Haut so wie die des Seekröpfers mit kleinen, ein bis zwei linien langen Stacheln besezt, und seine untere Kinnlade ragt weiter vor, als die obere.

*) Tetrodon hispidus, superne fuscus, deorsum exalbidus, guttis nigris toto corpori temere inspersis, ore & oculis squalide liventibus. Commersons angeführte Manuscripte.

Er unterscheidet sich aber von dem Seekröpfer durch die Abtheilung und Nuance seiner Farben; denn er ist obenher schmutzig braun, und unten weislicht. Auf dem Rücken bemerkt man kleine unordentlich hingestreute schwarze Flecken, so wie auch an den Seiten, und auf der Schwanzflosse.

Die Brustflossen sind gelbröthlich; die des Afters und am Ende des Rückens sind gelblicht, und um die Augen, und den Mund herum, sieht man eine bleifarbige Einfassung.

Die Zunge besteht aus einer unförmlichen knorpelichten, weißlichten, etwas runden Masse.

Der Augenstern ist Gold- und Silberfarbig.

Auf jeder Seite sitzen nur drei Kiemen, und jede besteht aus zwei Reihen Fasern. Diese Anzahl der Kiemen, die man auch an den übrigen Stachelbäuchen bemerkt, wäre schon allein hinreichend, dies Fischgeschlecht von demjenigen der Beinfische abzusondern, welche auf jeder Seite viere haben.

Die

Die Brustflossen sind rund, so wie auch die des Schwanzes, statt daß leztere bei dem Seekröpfer halbzirkelförmig ist *).

Dieser Fisch läßt, wenn man ihn haschen will, ein kleines Geräusch hören, so wie die Bein- und Hornfische. Je mehr man ihn befühlt, desto stärker bläht er sich auf, und sucht durch Vermehrung seines Umfangs sich gegen die Hand zu vertheidigen, die ihn berührt und beunruhigt.

*) In den Brustflossen . . 17 Strahlen.
in der Rückenflosse . . 10
in der Afterflosse . . 10
in der Schwanzflosse . . 10

Der

Der getiegerte Stachelbauch *).

(Tetrodon Honkénien.)

Die untere Kinnlade ragt bei diesem Stachelbauch vor der obern vor, so wie bei dem Seekröpfer und dem Schwarzgefleckten; dagegen ist nicht sein ganzer Körper mit kleinen Stacheln besezt; sondern nur der Bauch und die Seiten. Er hat überdies eine sehr merkliche Seitenlinie; eine große Oefnung des Mun-

*) Tetrodon Honkenié, herisson tigré. Blochs Naturgesch. der auslaend. Fische 1r Theil. S. 133. pl. 143.

Tetrodon Honkenié. Linné ed Gmelin.

Quatre dents tigré. Bonnaterre planches de l'Encyclopédie.

Mundes, eine breite Stirn, und kleine Augen.

Auf dem Rücken sieht man gelbe und blaue Flecken; die Flossen sind braun, und die der Brust mit Blau eingefaßt *).

Dieser Fisch wird in dem Japanischen Meer gefunden, und Herr Honkeny hat Herrn Dr. Bloch ein Individuum dieser Gattung zugesandt, daher auch der Name rührt, den ihm dieser berühmte Naturforscher beigelegt, der ihn beschrieben, und eine Abbildung davon geliefert hat.

Oben haben wir gesehen, daß man unter den versteinerten Fischen des Bergs Bolca bei Verona den Seekröpfer gefunden, der in dem mittelländischen Meer lebt. Noch merkwürdiger ist es für den Fortgang der Geologie zu erfahren, daß man unter den Kanälen der Ver-

*) In den Brustflossen 14 Strahlen.
in der Rückenflosse . . 8
in der Afterflosse . . 7
in der runden Schwanzflosse 7

Verwüstungen des Erdballs durch Wasser und Feuer, welche in der Nähe der italiänischen Alpen statt gefunden, man versteinerte Ueberreste des getiegerten Stachelbauchs entdeckt hat, den man bisher nur an den Ufern von Japan, gegen die östliche Spitze von Asien zu, nicht weit von den Aequatorial-Meeren gefunden hat *).

*) Tetrodon Honkenié. Ichthyolithologia veronensis, pars secunda tab. 8 fig. 2.

Der Hasenkopf *).

(Tetrodon Lagocéphale).

In dem zweiten Untergeschlecht der Stachelbäuche haben wir nur solche Fische zu betrachten,

*) Tetrodon lagocephalus. Linné ed. Gmelin.
Quatre dents blanc. Daubenton Encyclopédie methodique.
Id. Bonnaterre planches de l'Encyclopédie.
Mus. ad. fr. 1. p. 59.
Amoenit. acad. I. p. 310. fig. 4.
Ostracion catheloplateo - oblongus, ventre tantum aculeato & subrotundo. Artedi. gen. 58. syn. 86.
Gronov. Mus. 1. n. 120. Zooph. 183.
Seba Mus. 3. tab. 23. fig. 5.

ten, deren beide Kinnladen gleich weit vorstehen.

Der Hasenkopf hat die Seiten und den Unterleib mit Stacheln besetzt, deren Basis sich in drei Wurzeln oder Strahlen theilt. Dies Kennzeichen, wodurch er sich von allen Fischen dieses Untergeschlechts auszeichnet, nähert ihn etwas dem Stern Stachelbauch, von dem er sich jedoch wieder durch eine Menge anderer Züge unterscheidet, worunter vornemlich gehören, das gleiche Vorragen beider Kinnladen; der Mangel aller Stacheln auf dem Rücken, die Anzahl der Strahlen in seinen Flossen; die Eintheilung seiner Farben; und sogar die Wurzeln oder Strahlen seiner Seiten und untern Stacheln, welche letztere nur drei Strahlen haben, während man an der Basis der Stacheln des Stern-Stachelbauchs deren fünf bis sechse wahrnimmt.

Diese

Willoughby. p. 144. tab. 3. fig. 2.

Raj. pisc. p. 43.

Kan, Kalcasre. Valent. pisc. Amb. fig. 19. p. 353. n. 19.

Tetrodon lagocephalus, orbe étoile. Sternbauch. Blochs Naturgesch. auslaend. Fische. Ir Theil. S. 126. pl. 140.

Diese Abtheilung der Basis in drei Strahlen hat einige Naturforscher bewogen, ihm den Namen des gesternten (étoilé) beizulegen *), der mir aber eher demjenigen zuzukommen scheint, den wir unter dem Namen Stern-Stachelbauch vorhin beschrieben haben, indem bei letzterm die Basis der Stacheln in fünf bis sechs Verlängerungen ausgeht, und folglich sternförmiger und strahlichter ist.

Die sternförmigen Stacheln des Hasenkopfs sitzen in langen Reihen, die ein wenig nach unten zu gekrümmt sind, und gewöhnlich zwanzig an der Zahl betragen.

Der obere Körper ist gelb, mit braunen Querstreifen, und der Bauch ist weiß, mit runden braunen Flecken **).

Man

*) Bloch nennt ihn Sternbauch (S. Naturgesch. der ausländ. Fische, Ite Thl. S. 126). Um Verwirrung zu vermeiden, haben wir den Linneischen Namen Hasenkopf nach Stadius Müllers Uebersetzung gewählt.
A. d. Ueb.

**) In den Brustflossen . 15 Strahlen.
in der Rückenflosse . 12
in der Afterflosse . 10
in der Schwanzflosse . 10

Man findet diesen Fisch in den Indischen Meeren, bei den Küsten von Jamaika, und sogar in dem Nil, woraus man schließen sollte, daß man ihn auch in der mittländischen See bei den afrikanischen Küsten fischen könnte.

Der gestreifte Stachelbauch *). Der geflekte Stachelbauch **). Der Windbeutel ***), und der Zottenfisch ****).

(Tetrodon rayé; Tetrodon croissant; Tetrodon mal armé; Tetrodon Spenglerien.)

Diese vier Stachelbäuche haben so viele Aehnlichkeitszüge mit einander, daß wir sie zusammen

men

*) Tetrodon lineatus. Linné ed. Gmelin. Mus. ad. fr. 2. p. 55. *

Quadre dents rayé. Daubenton Encyclopédie methodique.

Id. Bonnaterre planches de l'Encyclopédie.

Te-

men nehmen zu müssen glaubten, damit man sie desto leichter untereinander vergleichen, und unterscheiden könne.

Der

Tetraodon fabaca. Hasselquist Iter &. p. 400.

Tetraodon lineatus. Forskael faun. arab. p. 76. n. 114.

Tetrodon lineatus, Tetrodon rayé. Blochs Naturgesch. auslaend. Fische 1r Th. S. 128. pl. 141.

**) Tetrodon ocellatus. Linné ed. Gmelin.

Tetrodon fascia humerali ocellata. Mus. ad. fr. 2. p. 55.

It. Scan. 260.

Diodon ocellatus. Kai-po-y Osbek Iter p. 226.

Tetrodon ocellatus, tetrodon croissant. Blochs Naturgesch. der auslaend. Fische IIr Theil S. 4. pl. 145.

Fu-rube. Kaempfer Japon. 1. p. 152.

Seba mus. 3. tab. 23. fig. 7. & 8.

Rumph. Amboin. p. 49.

Quatre dents petit monde. Daubenton Encyclopédie methodique.

Id. Bonnaterre planches de l'Encyclopédie.

Orbis asper maculosus. Willoughby. p. 157.

Raj. pisc. 42.

Der gestreifte hält sich in dem Nil auf.

Vom Kopf bis zur Mitte des Körpers ist er mit äusserst kurzen Stacheln besetzt, welche gegen den Schwanz zu gekrümmt sind, so daß man, wenn man mit der Hand darüber hinfährt, man ein Jucken und Stechen wie von Brennesseln empfindet, welches Gelegenheit gegeben, diesen Fisch für giftig zu halten.

Von der Mitte des Körpers an bis zur Schwanzspitze ist der untere Theil desselben mit kleinen Vertiefungen besetzt, wodurch er wie punktirt aussieht. Vor jedem Auge sitzt eine Erhöhung,' die sich an ihrer Spitze in zwei sehr kurze Fasern endigt. Die beiden Er=

***) Tetrodon lavigatus. Linné ed. Gmelin. Quatre dents lisse. Bonnaterre planches de l'Encyclopédie.

****) Tetrodon Spengleri. Linné ed. Gmelin. Quatre dents penton Bonnaterre planches de l'Encyclopédie.

Tetrodon Spengleri, penton de mer. Blochs Naturgesch. der auslaend. Fische. Ir Th. S. 135. pl. 144.

Erhöhungen berühren sich *), die Seitenlinie geht unter dem Auge weg, schlängelt sich abwärts, erhebt sich wieder, und läuft dann beinah in gerader Linie bis zur Schwanzflosse fort.

Der Gestreifte hat obenher eine blaulicht grüne, und unten eine gelbrothe Farbe; auf den Seiten ist er dunkelblau, und auf diesem Grund sieht man der Länge nach auf jeder Seite vier braun und weißlichte Streifen hinlaufen, wovon die beiden obern gekrümmt sind, und der dritte sich in zwei Aeste theilt.

Der Geflekte lebt in dem Nil, so wie der Gestreifte, man findet ihn aber auch in den Gewässern von Asien, vorzüglich in denen von China und Japan. In allen Gegenden, wo man ihn fängt, wird er für eine sehr gefährliche Nahrung gehalten, wenn er nicht sorgfältig ausgenommen worden.

Diese

*) Der gestreifte hat in den

Brustflossen	. . .	19 Strahlen.
in der Rückenflosse	. .	12
in der Afterflosse	. .	9
in der runden Schwanzflosse		12

Diese schädliche Eigenschaft, die man ihm zuschreibt, rührt vielleicht sehr oft von der Nahrung her, die er vorzieht, und die für ihn unschädlich, andern Thieren, besonders aber dem Menschen nachtheilig werden kann. Doch könnte die lange Gewohnheit, schädliche Nahrung zu genießen, und sie in seine eigene Substanz zu verkehren, dem Fleisch dieses Fischs oder seinen Säften eine giftige Eigenschaft mittheilen.

Kurz diese schädliche Eigenschaft des gefleckten Stachelbauchs ist seit mehreren Jahrhunderten in China und Japan bekannt, woselbst der Aberglaube lange Zeit das Mährchen verbreitet hat, daß die ganze Gattung dieses Fischs verdammt worden sey, ein scharfes Gift bei sich zu führen, weil einige Individuen dieser Gattung vormals den Körper eines in dem Nil ertrunkenen Pharaos verzehrt hätten.

Woher nun auch das Gift dieses Fischs kommen mag, so ist es wenigstens in Japan sehr wirksam, indem nach Osbeks Bericht dieses Thier binnen zwei Stunden denjenigen, die von seinem Fleisch essen, den Tod verursacht *). Daher ist es den Soldaten dieser Gegend und den Bewohnern streng verboten, von diesem Fisch zu essen.

Wenn man aber auch fürchtet, von diesem Fisch zu essen, so muß man ihn wegen der Schönheit seiner Farben gerne sehen. Der untere Körper ist weiß, die Flossen gelblicht; der obere Theil dunkelgrün, und auf dem Rükken sieht man einen Fleck, und vor demselben einen breiten halbmondförmigen Querstreif, beide von schwarzer Farbe mit Gelb eingefaßt.

Nur an dem Unterleib fühlt man Stacheln, die Seitenlinie fängt vor dem Auge an, geht unter demselben weg, und erstreckt sich bis zur Schwanzflosse, indem sie ohngefähr der Krümmung des Rückens nachfolgt **).

Der

*) Dem Rumphiccs zufolg ist die Pflanze, der er den Namen rex amoris beigelegt, das beste Gegenmittel gegen das Gift des gefleckten Stachelbauchs.

**) Er hat in den Brustflossen 18 Strahlen.
in der Rückenflosse . 15
in der Afterflosse . . 12
in der runden Schwanzflosse 8

Der Windbeutel ist in Karolina gesehen worden, wo er eine beträchtliche Größe erreicht. Er ist nur von der Schnauze an, bis gegen die Brustflossen mit Stacheln besezt, oben gewöhnlich blau, und unten weiß. Am meisten zeichnet er sich von den übrigen Stachelbäuchen dadurch aus, daß er auf jeder Seite eine doppelte Seitenlinie hat *).

Der Zottenfisch, welchem Herr Dr. Bloch den Namen des Herrn Sprengler von Kopenhagen beigelegt, der ihm ein Invidum dieser Art geschickt hatte, zeichnet sich durch zwei bis drei länglichte Reihen Faden oder Fasern aus, die man auf jeder Seite des Körpers sieht. Ueberdies ist sein Bauch mit Stacheln besezt, sein oberer Theil röthlich, mit mehrern dunkelbraunen Flecken be-

*) Der Windbeutel hat in

den Brustflossen . .	18 Strahlen.
in der Rückenflosse . .	13
in der Afterflosse . .	12
in der etwas geschweiften Schwanzflosse .	11

besäet, und sein unterer Theil gewöhnlich durchaus weiß ohne Mischung *).

*) Der Zottenfisch hat in den

Brustflossen	. . .	13 Strahlen.
in der Rückenflosse	. .	8
in der Afterflosse	. .	6
in der abgerundeten Schwanzflosse		8

Der

Der gestreckte Stachelbauch *) und der Langschnabel **).
(Tetrodon alongé, & Tetrodon museau alongé).

Diese beiden bewohnen das indische Meer. Der erste erhielt seinen Namen von der Form sei-

*) Tetrodon oblongus. Linné ed. Gmelin.
Tetrodon oblongus maxillis aequalibus; herisson oblong. Blochs Naturgesch. auslaend. Fische. IIr Th. S. 6. pl. 146.
Quatre dents herisson oblong. Bonnaterre planches de l'Encyclopédie.

**) Tetrodon rostratus. Linné ed Gmelin.
Id. Tetrodon à bec. Blochs Naturgesch. auslaend. Fische. IIr Theil. S. 8. pl. 146.
Quatre dents herisson à bec. Bonnaterre planches de l'Encylopédie.

seines Körpers, welcher mehr lang als hoch, und übrigens cylindrisch ist. Ueberdies hat dieser Fisch auf jeder Seite eine doppelte Seitenlinie, wovon die obere sich über dem Auge herunter abwärts zieht, sich krümmt, und wieder erhebt, und ohngefähr der Krümmung des Rückens bis zur Schwanzflosse folgt.

Die zweite Seitenlinie fängt bei der untern Kinnlade an, und folgt ziemlich regelmäßig den Umriß des untern Körpers bis zur Schwanzflosse, ausgenommen daß sie sich bei der Brustflosse erhebt, und einen kleinen Winkel macht.

Die Oefnung der Nasenlöcher ist doppelt, an dem Kiemendeckel sitzt eine merkliche, dreieckichte, gegen den Schwanz zugekehrte Spitze. Auf dem obern Körper bemerkt man braune Querstreifen, deren Anzahl veränderlich ist. Die Seiten sind silberfarben; die Flossen gelblicht, und beinah der ganze Fisch mit kleinen Stacheln besetzt *).

Der

*) In den Brustflossen des Gestreckten zählt man . 16 Strahlen.
in der Rückenflosse . 12
in der Afterflosse . 11
in der abgerundeten Schwanzflosse 19

Der Langschnabel hat nur auf dem Rücken und vorn an dem Bauch kleine Stacheln. Oben ist er grau, und unten weiß; die Flossen sind gelblicht, besonders die Brustflossen, welche kurz und breit sind. Um die Augen herum sieht man braune Flecken strahlenförmig geordnet. Jedes Nasenloch hat nur eine Oefnung, man bemerkt keine Seitenlinie, und die Kinnladen bilden einen kleinen, aber sehr verlängerten Cylinder *).

*) Der Langschnabel hat in den

Brustflossen	. .	16 Strahlen,
in der Rückenflosse	.	9
in der Afterflosse	. .	8
in der runden Schwanzflosse		10

Stachelbauch-Plumier *).
(Tetrodon Plumier.)

Dieser Fisch, von dem noch keine Beschreibung vorhanden, ist in den Zeichnungen auf Velin abgebildet, welche in dem Museum der Naturgeschichte aufbewahrt werden, und nach derjenigen des Naturforschers Plumier verfertigt worden. Da wir diesem leztern die Kenntniß dieses Fischs verdanken, so hielt ich es für billig ihm den Namen des geschickten Naturforschers beizulegen, der uns seine Abbildung verschaft hat.

Wenn der Plumier nicht aufgeblasen ist, so ist sein Körper verhältnißmäßig gegen seine

*) Orbis minimus, non aculeatus. Plumier Dessins sur velin.

seine Höhe, ziemlich lang. Jenseits des Kopfs sieht man eine Art pyramidalischer vierseitiger Erhöhung, welche gelb, rückwärts gebogen ist, und gleichsam die Stelle der ersten Rückenflosse ersezt.

Ueber der Afterflosse, welche gleichfalls gelb, sieht man eine Rückenflosse von gleicher Farbe; auch die Schwanzflosse ist gelb, rund, und mit zwei braunen Queerstreifen versehen.

Der Augenstern ist blau; der obere Körper braun glatt; der untere weislicht, sehr ausdehnbar, und mit sehr kleinen Spitzen besezt. Zwei Reihen braungrünlichter Flecken laufen auf jeder Seite des Thiers der länge nach hin, und erhöhen dessen Schönheit.

Der braune Stachelbauch *).

(Tetrodon Meleagris.)

Commerson hat in seinen Handschriften eine sehr ausführliche Beschreibung dieses Fischs hinterlassen, den er in Gewässern Asiens gesehen, und den Namen Meleagris gegeben, wegen der Ähnlichkeit der Nuance und der Eintheilung der Farben dieses Fischs mit dem Perlhuhn (Pintade) dem man dieselbe Benennung beigelegt.

Dieser Fisch hat eine braune Farbe, mit unzählichen, linsenförmigen weißen Flecken, die auf dem Kopf, dem Rücken, den Seiten, dem Bauch, dem Schwanz, und selbst auf den Flossen

*) Tetrodon bruneus, hispidulus, maculis lenticularibus albis unde quaque conspersus. Commersons Manuscripte.

Flossen zerstreut sind. Die Haut ist ausserdem mit ganz kleinen Spitzen besetzt, die am Kopf etwas merklicher sind.

Jedes Nasenloch hat nur eine Oefnung. Auf jeder Seite sitzen d ei Kiemen, deren Oefnung halbmondförmig ist; ihre dünne und hängende Haut ist an dem vordern Rand dieser Oefnung befestigt, und die festen Halbzirkel, die sie unterstützen, sind an ihrem hohlen Theil gezahnt.

Dieser Fisch läßt gleichfalls ein Geräusch hören, so wie die meisten seiner Gattung, doch ist es bei ihm, wenigstens in Rücksicht seines Körpers noch merklicher als bei jenen *).

*) In den Brustflossen . 18 Strahlen.
in der Rückenflosse . 10
in der Afterflosse . 10
in der runden Schwanzflosse 9

Der elektrische Stachelbauch *).

(Tetrodon electrique).

Dieser Fisch ist mit den schönsten Farben geziert, denn er ist auf dem Rücken braun, an den Seiten gelb, untenher seegrün; die Flossen sind roth oder grün, der Augenstern ist roth, und dieses angenehme Farbenspiel wird durch rothe, grüne, weiße und andere lebhafte Flekken gehoben.

Merkwürdiger ist aber dieser Fisch wegen seiner Eigenschaft denjenigen, die ihn fassen wollen, starke Erschütterungen zu versetzen, welche

*) Tetrodon electricus. Linné ed. Gmelin. Guillaume Paterson Act. anglic. 76. 2. p. 382. tab. 13.

welche Eigenschaft eine wahre elektrische Kraft ist, die wir bereits an dem Zitterrochen bemerkt haben, aufs neue an dem Zitteraal beobachten, und bei dem Wels und vielleicht noch andern Fischen wiederfinden werden.

Dieser Fisch hält sich gern mitten unter den Korallenbänken auf, womit die Insel Saint Jean, nahe bei der Insel Conorra in dem Indischen Ozean umgeben ist. Als er gefangen wurde, so hatte das Wasser eine Temperatur von 16 Graden nach Reaumurs Thermometer. Er erreicht eine länge von wenigstens sieben Zoll, und ist von Paterson zuerst beschrieben worden.

Der Dikkopf *).

(Tetrodon grosse tête).

Der gegenwärtige Stachelbauch ist sehr leicht von den übrigen Gattungen seiner Familie zu unterscheiden, denn er zeichnet sich durch die Dicke seines Kopfs aus, welcher, verhältnißmäßig gegen den übrigen Körper, ungleich dikker ist, als bei den andern Fischen seiner Art.

Gegen die gewöhnliche Länge anderer Stachelbäuche verglichen, wird er sehr lang, und erreicht oft dritthalb Schuh. Sein Fleisch erregt bei denjenigen, die davon essen, dieselbe Zufälle, wie ein sehr heftiges Gift. Man findet ihn in den warmen Seen von Amerika, und im stillen Meer. Die Kenntniß desselben verdanken wir G. Forster.

*) Tetrodon sceleratus. Linné ed. Gmelin. G. Forster Iter. I. p. 403.

Der

Der schwimmende Kopf *).

(Tetrodon Lune.)

Der schwimmende Kopf ist wegen seiner Form äußerst merkwürdig. Sein Aufenthalt ist die mittel-

*) Molle in mehrern südlichen Departementern.
Meule.
Bout, in mehrern Gegenden Spaniens.
Mole Bout.
Lune de Mer.
Poissons d'argent.
Sun-Fish englisch.
Tetrodon mola. Linné ed. Gmelin.
Quatre dents lune. Daubenton Encyclopédie methodique.

Id.

mittelländische See, wo man ihn häufig findet, und der Ozean, wo man ihn beinah unter

Id. Bonnaterre planches de l'Encyclopédie.

Mola, lune. Blochs Naturgesch. auslaend. Fische. Ir Th. S. 75. pl. 128.

Artedi. gen. 61. syn 83. 4.

Mola. Monti act. Bonon. 2. p. 2. p. 297. tab. 3. fig. 1.

Orthragosiscus, luna piscis. Gessn. hist. anim. 4. p. 640.

Klump fish. Planeus Prompt. Hamb. 18. p. 1. tab. 1. fig. 1.

Short sun-fish. Pennant Britt. Zool. 3. p. 102. n. 2.

Ostracion cathetoplateus, subcompressus, brevis, latus, scaber, pinnis dorsi anique lanceolatis caudae proximis. Gronov. Zooph. n. 186.

Orthragoriscus. Plinius. l. 32. c. 2 & 11.

Lune ou Mole. Rondelet. Ire partie, liv. 15. ch. 6.

Mola. Salvian. fol. 155 & 154 a. ad iconem.

Jonston Thaumat. p. 419. 420.

Charleton. p. 129.

Willoughby. p. 151.

Raj. pisc. p. 51.

Lune

ter allen Breiten, von dem Kap der guten Hofnung an, bis zur nördlichsten Spitze des Nordmeers fängt.

Man unterscheidet ihn leicht von einer Menge anderer Fische, besonders von denen seiner Gattung, durch die große Fläche seines Körpers, der von beiden Seiten so zusammengedrückt, und in dem senkrechten Umkreis, den man sieht, wenn man ihn von einer Seite betrachtet, so abgerundet ist, daß man das Ganze mit einer Scheibe verglichen, daher ihm auch die Namen Sonne und Mond beigelegt worden, wovon letzterer jedoch am meisten angenommen worden.

Diese große, beinah zirkelrunde Fläche, welche jede Seite darbietet, hat auch den weißlichten Schimmer des Mondlichts, denn wenn gleich sein Rücken von dunkler, beinah schwarzer Farbe ist, so glänzen seine Seiten und sein

Lune de mer Valmont. Bomare Dictionnaire d'Histoire naturelle.

Sun-fish of ray. Borlase hist. nat. of Cornwall, tab. 26. fig. 6.

sein Bauch mit einer sehr blitzenden Silberfarbe, besonders wenn der Fisch von der Sonne beschienen wird.

Allein dieser Silberglanz dauert nicht blos den Tag über, wo er blos von der Zurückwerfung eines fremden Lichts herrührt; er glänzt die Nacht durch mit seinem eigenen Licht, und äussert wie mehrere andere Fische, und zwar noch lebhafter als viele von ihnen, einen phosphorischen Schein, der von der ölichten Materie herrührt, mit welcher er durchdrungen ist.

Dieser Glanz ist um so lebhafter, je dunkler die Nacht ist, und wenn der Fisch ein wenig von der Oberfläche des Meers entfernt ist, so gleicht das Licht, welches beinah von allen Theilen seines Körpers ausströmt, und durch die Wasserschichten, die es durchgeht, sanft gemildert und beweglich gemacht wird, jenen zitternden Schimmer des Mondes, wenn er ein wenig mit Wolken verhüllt ist.

Diejenigen, welche sich in dunkler Nacht dem Seeufer nähern, bei welchem dieser Fisch herumschwimmet, werden oft durch diese leuchtende Scheibe überrascht, und halten sie, ohne daran zu denken, für das Bild des Mondes, den sie doch vergebens am Himmel suchen.

Wenn mehrere Individuen dieser sehr phosphorischen Gattung dicht bei einander schwimmen, und diesen Anblick vervielfältigen, so stellen die zahlreichen und sehr beweglichen leuchtenden Figuren ein um so schöneres und größeres Schauspiel dar, da diese Fische in weiter Entfernung gesehen werden können.

Sie erreichen wirklich eine Länge von zwölf bis dreizehn Schuh, und da ihre Höhe ohngefähr ihrer Länge gleich kommt, so kann man behaupten, daß sie auf jeder Seite eine glänzende Fläche von mehr als hundert Quadratschuhen darbieten. Man versichert sogar, daß man im Jahr 1735 an den Küsten von Irrland einen schwimmenden Kopf gefangen, der fünf und zwanzig englische Schuh *) Länge hatte, und folglich bei Nacht eine leuchtende

*) History of Waterford. p. 271.

Borlase hist. nat. of Cornwall. p. 267.

Scheibe von mehr als vierhundert Quadratschuh vorstellte.

Es ist bekannt, daß undurchsichtige, nicht leuchtende Gegenstände, sich am Tage einem guten Gesicht nur ohngefähr in einer Entfernung entziehen, welche dreitausend sechshundertmal ihren Diameter beträgt. Der an den Küsten von Irrland gefangene schwimmende Kopf, hätte also am Tag in einer Entfernung von wenigstens vierzehntausend Toisen gesehen werden müssen, wenn er außer dem Wasser in eine günstige Stellung gesezt worden wäre. Aber wie weit beträchtlicher ist nicht die Entfernung, in welcher man den kleinsten leuchtenden Körper bei Nacht sieht?

Da indessen das Wasser, und besonders die bewegten Wellen der See eine Menge Lichtstrahlen auffangen, so kann man die größten schwimmenden Köpfe, ohnerachtet aller ihrer Phosphorescenz, nicht eher erkennen, als wenn sie sehr nahe an der Oberfläche der See schwimmen, und man an den Küsten oder andern erhabenen Punkten steht, weil in dieser doppelten Stellung die Lichtstrahlen, die von dem Fisch bis zu dem Auge des Beobachters gehen,

gehen, nur einen kurzen Weg durch die Wasserschichten zu machen haben.

Wenn der schwimmende Kopf einen beträchtlichen Umfang, und eine Länge von mehrern Schuhen erreicht hat, so wiegt er zuweilen gegen fünf Centner. Man hat sogar noch neuerlich bei Plymouth einen Fisch dieser Art gefangen, welcher vollkommen fünfhundert Pfund wog.

In Rücksicht der Größe kann man also die schwimmenden Köpfe, den längsten Knorpelfischen an die Seite setzen, und da ihre beiden Seitenflächen verhältnißmäßig gegen ihre ganze Masse, sehr groß sind, so kann man sie füglich mit den großen Rochen vergleichen, deren Körper gleichfalls so zusammengedrückt ist, daß sie, obgleich nach einer andern Richtung, eine beträchtliche Fläche darstellen.

Ohnerachtet sie aber die Länge der großen Hayen haben, und sie an Höhe sogar übertreffen, so haben sie weder deren Kraft, noch deren Wildheit. Ihre Muskeln sind weit schwächer, als diejenigen der großen Hayen, und ihr Mund, ohnerachtet er mit vier breiten und starken Zähnen bewafnet ist, hat eine zu kleine Oefnung, als daß sie je sich gewöhnt haben sollten, einen furchtbaren Feind zu verfolgen, und gefährliche Kämpfe zu bestehen *).

Die Brustflossen stehen ziemlich weit von der Schnautzenspitze entfernt, und bewegen sich mehr von oben nach unten, als von vorn nach hinten. Die Rücken- und Afterflossen sind sehr lang, und bestehen aus ungleichen Strahlen, wovon die vordersten die längsten sind.

Die Schwanzflosse kann mit einem schmalen Streif verglichen werden, der auf dem hintern Theil des Thiers sizt, welchen man gleichsam für abgestumpft halten mögte. Diese Flosse ist mit der des Rückens und des Afters durch eine gemeinschaftliche Haut verbunden, wodurch sich der schwimmende Kopf vor allen übrigen

*) Der gröste Durchmesser des Mundes betrug nur anderthalb Zoll bei einem schwimmenden Kopf, von drei Schuh ein Zoll Länge. Anmerkung von dem B. Cuvier mitgetheilt.

übrigen Fischen seines Geschlechts am meisten auszeichnet *).

Die Höhe dieses Fisches ist seiner Länge beinah gleich. Es giebt jedoch in dieser Gattung eine Nebenart, die mehrmalen beobachtet worden, und welche zweimal so lang als hoch ist **). Diese Verschiedenheit der Größen nicht gerechnet, bemerkt man an dieser Nebenart eine kleine Erhöhung oder Buckel über den Augen, und in einer größern oder geringern Entfernung von der Spitze der Schnautze sitzen.

Ich

*) In den Brustflossen zählt

man	. . .	12 bis 13 Strahlen.
in der Rückenflosse	.	11 bis 12
in der Afterflosse	.	11
in der Schwanzflosse	.	17 bis 18

**) Tetrodon mola truncatus. Linné ed. Gmelin.

Rezius non act. Stokholm. 6, 2, p. 116.

Planc. Promptuar. Hamb. 18. tab. 1. fig. 2.

Montii Acta Bonon. 2. p. 2, p. 297. tab. 2. fig. 1.

Oblong Sun-Fish. Britt. zool. 3. p. 100. n. 1.

Borlase nat hist. of. Cornwall. tab. 26. fig. 7.

Ich habe mich übrigens durch die Beobachtung mehrerer schwimmender Köpfe überzeugt, daß man an der Gattung, die wir hier untersuchen, mehrere Abweichungen zwischen der Figur, wo Höhe und länge gleich sind, und derjenigen bemerkt, wo die länge doppelt so viel beträgt als die Höhe.

Diese Gattung ist aber nicht blos in ihrer Form, sondern auch in ihren Farben veränderlich, und wir haben unter Commersons Manuskripten die Abbildung eines schwimmenden Kopfs gefunden, der beinah noch einmal so lang als hoch ist, aber keine Buckel über der Schnautze hat, und statt der schon gemeldeten Farben, auf eine merkwürdige Art gemahlt ist.

Eine Menge unregelmäßiger, bald runder, bald länglichter Flecken, sind auf jeder Seitenfläche des Thiers vertheilt, wo sich mehrere so zusammen vereinigen, daß sie besonders gegen den Kopf, und gegen die Brustflossen zu Streifen bilden, die bald nach der länge, bald nach der Breite laufen, sich in kleinere Streifen vertheilen, oder sich wieder nähern,

und

und einander berühren; beinah alle sind mit kleinen dunkeln Punkten besäet.

Die Farbe dieses Fisches beiseite gesezt, so hat er eine dicke, zähe Haut, welche sehr oft mit Wärzchen besezt ist, die hoch genug sind, um derselben beim Anfühlen eine gewisse Rauhigkeit zu geben.

Unmittelbar unter der eigentlichen Haut, findet man eine beträchtliche Lage von einer Substanz, welche Cuvier bei einen zerlegten schwimmenden Kopf sehr gut beobachtet hat*). Diese Materie ist sehr weiß, dem Schweinespeck ziemlich ähnlich, aber dichter und gleichartiger. Wenn man sie zusammendrückt, so lauft viel helles Wasser heraus; sie vertrocknet ohne zu schmelzen, wenn sie dem Feuer ausgesezt wird; läßt man sie aber in Wasser sieden, so wird sie weich, und lößt sich zum Theil auf.

Cuvier hat ferner in der Höhlung des Augensterns und an diesem Organ, ein merkwür-

*) Laut einer handschriftlichen Note von B. Cuvier mitgetheilt.

würdiges Gewebe beobachtet, das aus kleinen Bläschen besteht, welche von weichen, wenig bestimmten Häuten gebildet werden, und mit einer Substanz angefüllt sind, die an Farbe und Consistenz dem Eiweis ähnlich ist. Dies Gewebe besteht aus einer großen Menge Gefäße, und eigener Nerven, und giebt dem geringsten Druck nach *).

Die Oefnung der Haut, durch welche man zum Theil den Augenstern erblickt, hat gewöhnlich in ihrem größten Durchmesser, nur die Hälfte dessen des Augensterns. Inwendig ist sie mit einer Art weichen, faltichten Haut bekleidet, und um diese Oefnung herum, entdeckt man unmittelbar unter der Haut, einen fleischichten Ring, hinter welchen das Thier sein Auge zurückziehen kann, welcher in diesem Fall, durch die gefaltete Haut, wie durch ein Augenlied bedeckt wird.

Ferner sind an dem Gesichtsorgan dieses Fisches noch zwei andere Theile zu bemerken, welche Cuvier gleichfalls sehr gut beschrieben hat.

Erstens

*) Desgleichen.

Erstens sieht man eine röthliche, etwas cylindrische Drüse, welche unregelmäßig um den Sehenerven herumsizt, und zwar an der Stelle wo dieser bereits in den Augenstern eingegangen ist. Diese Drüse wird durch die innere Haut dieses Organs bedeckt, welche den Namen der Adernhaut (Choroide) führt, und hängt mit der noch tiefer liegenden Haut desselben Organs, durch eine Menge kleiner weisser Gefäße zusammen, welche nezartig untereinander geschlungen sind.

Zweitens erblickt man eine Art konischen Beutels oder Sacks, der aus einer sehr dünnen Haut besteht, braun an Farbe ist, und von dem Seh-Nerven bis zum Kristallsaft geht, und zum Theil die Stelle der gläsernen Feuchtigkeit einzunehmen scheint.

Im übrigen kreuzen sich die Seh-Nerven unter dem Gehirn, ohne sich zu verwechseln, der rechte geht über dem linken weg, um bis zum Auge zu kommen, beide sind sehr angelaufen, und an der Stelle, wo sie sich kreuzen, gleichsam in mehrere Faden abgetheilt.

Die Hirnhöle ist beinah zehnmal größer, als die Größe des Gehirns es erfordert, und bildet einen gleichschenklichten Triangel, dessen Spitze gegen die Schnautze zugekehrt, und dessen Schenkel unregelmäßig gebogen sind. An jedem Winkel der Basis erweitert sich diese Hohle, um das Organ des Gehörs einzunehmen.

Der Durchmesser des Magens ist nur wenig größer, als der des übrigen Darmkanals. Seine Häute, so wie die des zwölffinger und des Mastdarms sind stark und dick. In diesem Speisekanal findet man, so wie in dem mehrerer anderer Fische eine beträchtliche Menge Eingeweidewürmer verschiedener Art.

Die Nieren sitzen in dem obern Theil der Bauchhöle, und endigen sich gegen den Kopf zu in zwei lange Fortsätze, welche in zwei Höhlen der Bauchhöhle aufgenommen werden. Diese beiden Höhlen sind durch eine muskulöse Scheidewand getrennt, und erstrecken sich in horizontaler Richtung bis zu den Augen.

Das Darmfell enthält eine Menge helles, gesalzenes Wasser, welches viele Aehnlichkeit

keit mit demjenigen hat, so man in der Bauchhöhle der Rochen, Hayen, Stöhre und anderer Knorpel- oder Knochenfische findet, und welches durch die ziemlich durchgänglichen Häute der Eingeweide und anderer innern Theile des schwimmenden Kopfs eindringen kann.

Die Leber ist sehr groß, und nimmt beinah die Hälfte der Bauchhöhle ein, in deren obern Theil sie unter den Nieren sitzt. Sie ist halb kugelförmig, gelb, fett, weich, mit Blutgefäßen durchflochten, und scheint nicht in Flügel abgetheilt. Man behauptet, daß sie gut zu essen ist.

Das Fleisch dieses Fisches ist von Geschmack nicht so angenehm als die Leber desselben; es ist nicht nur an sich schon unangenehm durch seine klebrichte zähe Substanz, sondern auch wegen einen ziemlich üblen Geruch, welchen der schwimmende Kopf in seinem Leben von sich giebt, und den er oft noch nach der Bereibung beibehält.

Durch das Auskochen erhält man eine ziemlich beträchtliche Menge Oel, welches zum Bren-

Brennen gut, dessen man sich aber nicht zu den Speisen bedient. Aus diesen Ursachen wird der schwimmende Kopf wenig gesucht.

Wenn man ihn fangen will, so giebt er, so wie die meisten Stachelbäuche und viele andere Knorpel- und Knochenfische ein sehr merkliches Geräusch von sich; und da es bei diesem Fisch oft ziemlich tief ist, so hat man es mit dem Grunzen eines Schweins verglichen; woher es denn gekommen, daß dieser Fisch schon zu den Zeiten der alten Griechen den Namen *Schwein* erhalten.

Zwölftes Geschlecht.

Die Eiförmigen.

(Ovoides).

Der Körper eiförmig; die Kinnladen knochicht, vorragend, und jede in zwei Zähne abgetheilt; weder Rükken- noch Schwanz- noch Bauchflossen.

Gattungen.	Kennzeichen.
Der gestreifte Eiförmige. (Ovoide fascé).	Weisse, schmale Queerstreifen, die sich am Ende in ein Y theilen.

Der

Der gestreifte Eiförmige *).

(Ovoide fascé).

Wir haben für nöthig erachtet, diesen Fisch von den Stachelbäuchen abzusondern, und ihn unter ein eigenes Geschlecht zu bringen, weil er nicht nur wegen der Form seines Körpers merkwürdig ist, welcher noch eine Eiform hat, wenn er auch nicht aufgeblasen ist, sondern auch, weil ihm die Rücken= After= und Schwanzflossen gänzlich mangeln. Man bemerkt

*) Tetraodon oviformis, pinnis tantum pectoralibus gaudens, hispidulus niger, rivulis albis e dorso ad ventrem descendentibus. Commersons angeführte Manuskripte.

merkt an ihm nur zwei Brustflossen, die so klein sind, als die Flügel einer gewöhnlichen Fliege, bei einem Fisch von anderthalb Zoll Länge. Diese Flossen sitzen nahe bei der Schnautzenspitze, und bestehen aus achtzehn sehr zarten Strahlen.

Wir haben die Beschreibung dieser Gattung in Commersons Handschriften gefunden, welcher nur ein einziges Individuum getrocknet gesehen hat; allein er hatte mit seinen Beobachtungen diejenigen seines Freundes Deschamps vereinigt, welcher geschickte Wundarzt der Marine mehrere vollkommene gesunde einhörnige Fische gesehen hat.

Der von Commerson untersuchte war länglicht, dabei aber seinen ganzen Umriß nach abgerundet, vollkommen einhörnig, und in Ansehung der Größe hielt er das Mittel zwischen einem Hüner= und einem Tauben=Ei. Sein großer und kleiner Durchmesser verhielten sich gegen einander wie 31 zu 26.

Bei dieser Gattung bemerkt man nicht nur keine Schwanzflosse, sondern sogar keine

Spur von einem Schwanz. Der Kopf ist in die sphärische Form des ganzen Thiers so eingeschlossen, daß kaum etwas von der Schnautze vorragt; nur die zwei Zähne jeder Kinnlade stehen etwas vor, sind weiß wie Elfenbein, und übrigens denen der Stachelbäuche ähnlich.

Die Augen sind klein, länglicht, von der Spitze der Schnautze entfernt, und mit einer durchsichtigen Haut verhüllt, welche eine Fortsetzung der Kopfhaut ist.

Die Kiemenöfnungen bemerkt man vor den Brustflossen, der After sitzt, Deschamps zufolg, am Ende des Rückens, aber ein wenig mehr am obern Theil des Thiers, welche Stellung in der ganzen Klasse des Fischreichs ohne Beyspiel ist.

Das ganze Thier ist schwärzlich braun, welcher dunkle Grund durch weiße Streifen gehoben wird, die quer über den Bauch hinlaufen, unter der Schnautze unregelmäßige Halbzirkel bilden, und sich gegen den Rücken zu in zwei Aeste theilen, so daß sie eine Gabel oder ein Y vorstellen.

Die

Die Haut ist mit sehr kleinen Stacheln besetzt, welche auf den Queerstreifen weiß, und auf den dunkeln Stellen schwärzlich sind. Mit dem Vergrößerungsglas betrachtet, bemerkt man, daß ihre Basis sternförmig ist. Dieser Fisch bewohnt das Indische Meer.

Erstes Geschlecht.

Die Bauchkiemen *).

(Gastrobranches).

Die Kiemenöfnungen unter dem Bauch.

Gattungen.	Kennzeichen.
1. Der blinde Bauchkieme. (Gastrobranche aveugle).	Eine sehr niedrige Rükkenflosse, die mit der Schwanzflosse vereinigt ist.
2. Bauchkieme Dombay. (Gastrobranche Dombay.)	Keine Rükkenflossen.

*) Da mir mehrere, sich auf die Geschichte der Bauchkiemen beziehende Materialien erst nach

nach dem Abdruck einer großen Anzahl Bogen dieses Werks zugekommen, so mußte ich die Beschreibung dieser Thiere bis hieher versparen, deren Geschichte eigentlich auf die der Neunaugen hätte folgen sollen. Im übrigen steht das Geschlecht der Bauchkiemen auf der Tabelle der Ordnungen der Knorpel- und Knochenfische an seiner wahren Stelle, und wird eben diese Stelle auf der allgemeinen Tabelle aller Geschlechter und Gattungen die in dieser Naturgeschichte beschrieben sind, erhalten, mit welcher Tabelle wir dies Werk beschließen werden.

Der blinde Bauchkieme *).

(Gastrobranche aveugle).

Die Bauchkiemen haben viel Aehnliches mit den Neunaugen, wegen der cylindrischen sehr verlängerten Form ihres Körpers, wegen der Biegsamkeit der Theile, woraus er besteht, und der Geschmeidigkeit und Schlüpfrigkeit der Haut, womit er bedeckt ist, und auf welcher man, wenigstens nicht leicht, eine Spur von Schuppen entdeckt.

Sie nähern sich ferner den Neunaugen, durch den Mangel der untern, und sogar der Brust-

*) Gastrobranchus coecus. Bloch. Tab. 413.
Myxine glutinosa. Linné ed. Gmelin.
Fauna suecica. 2086.
Mus. ad. fr. I. p. 91. tab. 8. fig. 4.
Ström. fondm. I. p. 287.
Act. Nidros. 2. p. 250. tab. 3.
Müller Zool. dan. prodrom. 2755.
O. Fabricii fauna groenland. p. 344. n. 334.

Brustflossen, durch die Bildung ihres Mundes, durch die Stellung und Beschaffenheit ihrer Zähne, am meisten aber haben sie Aehnliches mit den Neunaugen, durch die Gegenwart eines Luftlochs auf dem Kopf, und durch die Einrichtung ihrer Kiemen.

Diese Respirationsorganen bestehen, so wie die der Neunaugen in kleinen Blasen oder Säcken, die sich einerseits nach aussen zu, und anderseits gegen das Innere des Mundes öfnen, und zahlreiche Geflechte von Puls- und Blutadern darbieten. Es ist daher dem ersten Anblick nach sehr leicht, die Bauchkiemen mit den Neunaugen zu verwechseln, wie mehrere berühmte Naturforscher gethan haben, wenn man sie aber genauer untersucht, so erkennt man sehr bald die Abweichungen, wodurch sie sich von einander unterscheiden.

Alle Neunaugen haben auf jeder Seite sieben Kiemenöfnungen. Der blinde Bauchkieme hingegen hat deren nur sechs zur rechten und sechs zur linken, und es ist zu vermuthen, daß der Bauchkieme Dombay nicht mehr hat. Bei den Neunaugen hat jede

Kieme

Kieme ihre eigene Oefnung nach aussen; bei den Bauchkiemen bemerkt man für zwölf äussere Kiemen nur zwei Oefnungen. Die Kiemenöfnungen der Neunaugen sitzen auf den Seiten, und ziemlich nahe bei dem Kopf; die der Bauchkiemen aber unter dem Bauch. Die Lippen der Bauchkiemen sind mit Bartfasern versehen, dergleichen man bei den Neunaugen keine sieht. Die Augen der Neunaugen sind ziemlich groß; bei den Bauchkiemen hat man noch kein Gesichtsorgan entdecken können, daher auch die Gattung, wovon wir hier reden, den Namen der Blinden erhalten.

Man sieht leicht ein, daß beinah alle Züge, welche verhindern, daß man die Bauchkiemen nicht mit den Neunaugen verwechselt, sich mit einer Menge derer vereinigen, die beide Geschlechter einander nähern, und dadurch die wahre Natur der Bauchkiemen so sehr verkennen machen, daß man sie sogar aus der Klasse der Fische ausgestrichen, und sie in die der Würmer, besonders der sogenannten Eingeweidewürmer gesetzt hat.

So haben mehrere Naturforscher, und sogar Linné die blinden Bauchkiemen für ein besonderes Geschlecht gehalten, daß sie Myxine (Rauchbärter) nannten, und welches mitten unter die der Eingeweidewürmer gesetzt, dennoch gar nicht zu ihnen gehörte, weil selbst Augen, die im Untersuchen der Würmer geübt waren, die erforderlichen Aehnlichkeiten an ihnen nicht entdecken konnten, welche zur Behauptung dieser Stelle nöthig waren. Es entstand hierdurch gewissermaßen eine Verwirrung in den methodischen Eintheilungen, und der Anordnung der zahlreichen Gattungen Thiere, mit weißem Blut, und dieser Irrthum war um so auffallender, da diese neuere Methoden auf einer größern Menge Thatsachen beruheten, und folglich vollkommener waren *).

Endlich und nachdem Herr D. Bloch Gelegenheit gehabt, die Struktur der Bauchkie-

*) Unter diesen neuesten Methoden gehört auch das schöne Werk, welches der B. Cuvier über die Thiere mit weissem Blut geliefert, so wie auch dasjenige des B. Lamark über denselben Gegenstand.

kiemen zu untersuchen, erkannte er sogleich ihre eigentliche Natur, und gab sie der Klasse der Fische wieder, zu der sie, vermöge ihres Respirationsorgans und ihres rothen Bluts gehörten. Er bewieß, daß sie zu einem der Neunaugen nahen Geschlecht gehörten, und hat sie ausführlich beschrieben, und mit einer illuminirten Abbildung begleitet, in einer Abhandlung, die er dem National Institut von Frankreich mitgetheilt hat *). Ich glaube also nicht besser thun zu können, als wenn ich den größten Theil dessen, was ich noch über die Bauchkiemen zu sagen habe, aus dieser Abhandlung entlehne.

Dieser Fisch ist auf dem Rücken blau, röthlich an den Seiten, und weiß an dem Bauch. An der Oberlippe sieht man vier Bartfasern, und zwei andere stehen bei der Unterlippe. Zwischen den vier obern Bartfasern sieht man ein Luftloch, welches so wie das der Neunaugen bis in den innern Mund geht, dies Loch kann nach Belieben des Thiers mit einer Art Klappe verschlossen werden.

Die

*) Den ersten Präreal des Jahrs 5.

Die lippen sind weich, ausdehnbar, und ganz zum Anlegen an die Körper gemacht, an welchen sich der Blinde festhalten will; die Oefnung des Mundes erhält durch sie eine beinah runde Form, und in dem Innern erblickt man eine doppelte Reihe starker, harter, mehr knochicht- als knorpelichter Zähne, welche so wie die der Lamprete in hautichten Zellen befestigt sind. In der obern Reihe zählt man neun, und in der untern acht Reihen Zähne; ausserdem sitzt noch ein gekrümmter Zahn oberhalb der übrigen auf der linie, die man von dem luftloch an bis zum Schlund ziehen könnte, wenn man sie über die Oberlippe hin anlegte.

Man bemerkt weder Zunge noch Nasenloch, dagegen sieht man im Gaumen und um die Oefnung herum, wodurch das luftloch mit der Höhlung des Mundes in Verbindung steht, eine faltichte Haut, die ich um so mehr geneigt bin, für das Geruchsorgan der blinden Bauchkiemen zu halten, da dessen Einrichtung derjenigen, der man in dem Innern der Nasenlöcher der meisten Knorpelfische bemerkt, sehr ähnlich ist, und weil überhaupt große Aehnlichkeiten uns bei allen Fischen einen sehr feinen Geruch vermuthen lassen.

Der sehr biegsame und cylindrische Körper des Blinden erreicht selten die Länge eines Fußes. An jeder Seite bemerkt man eine länglichte Reihe kleiner Oefnungen, welche einen sehr klebrigten Saft von sich geben; einen ähnliche Materie schwizt beinah aus allen Poren des Thiers aus, und diese Feuchtigkeiten geben der Haut des Blinden, die damit getränkt ist, eine große Geschmeidigkeit und eine Art Glanz. Gummer und andere Naturforscher behaupten sogar, daß eine große Menge des Wassers, worin dieser Bauchkieme sich aufhält, dadurch schleimicht gemacht wird.

Dieser Fisch hat nur Rücken- Schwanz- und Afterflossen, welche verbunden, sehr niedrig, und aus weichen Strahlen bestehen, die man wegen ihrer Kleinheit und der Dicke der Haut, die sie bedeckt, nicht zählen kann.

Die Oefnung des Afters bildet eine sehr verlängerte Spalte, und auf dem Bauch sind zwei Oefnungen, wovon jede mit sechs Kiemen in Verbindung steht. Eine besondere Schlagader, welche nach der Oberfläche jeder dieser Respirationsorgane hinläuft, vertheilt sich daselbst

selbst wie bei andern Fischen in sehr zahlreiche Zweige, in deren Mitte wieder andere Aeste verbreitet liegen, die sich zusammen in eine Blutader vereinigen.

Der Eingeweidekanal ist ohne alle Krümmung.

Die Jungen kriechen außer dem Bauch der Mutter aus.

Dieser Fisch hält sich vornemlich in den nördlichen europäischen Ozean auf, und versteckt sich oft in den Schlamm. Zuweilen schleicht er sich in den Körper großer Fische ein, windet sich durch die Krümmungen ihrer Eingeweide, die er zernagt und zerbeißt. Diese Gewohnheit hat viel beygetragen, ihn in die Klasse der Eingeweidewürmer, zugleich mit dem Bandwurm und andern ähnlichen Thieren mit weißem Blut zu setzen.

Bauch-

Bauchkieme Dombay.

(Gastrobranche Dombey).

Diesen Namen legen wir einem Knorpelfisch bei, dessen getrocknete Haut der Reisende Dombay dem National-Museum der Naturgeschichte überbracht, und dessen noch kein Naturforscher erwähnt hat.

Er gehört offenbar zu einem Geschlecht mit dem Blinden, allein er ist in einer andern Weltgegend zu Haus, und wird in dem Meer, so die Küsten von Chili, und vielleicht auch in demjenigen, welches die Ufer der übrigen Gegenden von Süd-Amerika bespühlt, gefunden.

Mit dem Blinden hat er große Aehnlichkeiten, doch erreicht er eine Länge und Dicke, welche

welche wenigstens zweimal beträchtlicher ist; auch entfernt er sich von ihm durch andere Verschiedenheiten, die wir hier anzeigen wollen.

Der Kopf dieses Fisches ist rund, und dicker als der Körper, an dem obern Theil bemerkt man vier Bartfasern; der schlimme Zustand des Individuums, welches Dombey mitgebracht, erlaubte aber nicht zu erkennen, ob auch zwei solche Fasern bei der Unterlippe sitzen, wie bei dem Blinden.

Die Zähne sind spitzig, zusammengedrückt, dreieckicht, und in zwei kreisförmige Reihen geordnet, wovon der äussere aus zwei und zwanzig, und der innere aus vierzehn besteht. Ein Zahn, der länger als die übrigen und gekrümmt ist, sitzt an der höchsten Gegend der Oefnung des Mundes.

Die Organe des Gesichts und des Gehörs sind bey dem Dombey so wenig zu bemerken, wie bei dem Blinden. Die Farbe dieses Fisches war nicht mehr zu unterscheiden, oder schien an der Haut, die wir gesehen haben, verändert zu seyn.

Der

Der Schwanz, dessen Länge selten den doppelten Durchmesser des Körpers an Länge übertrift, ist am Ende rund, und endigt sich in eine Flosse, die sich mit derjenigen des Afters vereinigt. Diese beiden Flossen sind die einzigen, die man an dem Fisch bemerkt; sie sind dabei niedrig, schwer zu unterscheiden, und bestehen aus Häuten, in deren Mitte man bei dem getrockneten Individuum, daß wir vor uns hatten, die Strahlen blos vermuthen konnte,

---

Ende des ersten Bandes.

1 SQUALE Rochier. Der Sternhay.
2 SQUALE Aiguillat. Der Dornhay.
3 SQUALE Liche. Der amerikanische Hay.

Taf. 10.

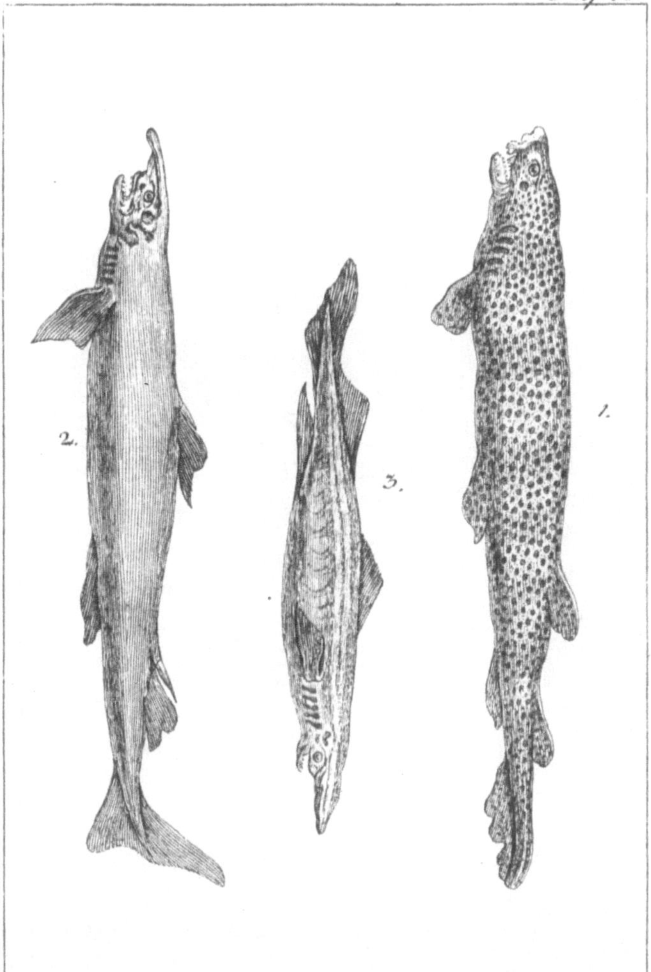

1 SQUALE Dentelé. Der zackichte Hay. 2 LOPHIE Faujas, vue pardessus. Der Seeteufel, Faujas von oben. 3 LOPHIE Faujas, vue pardessous Derselbe von unten.

Taf. 11.

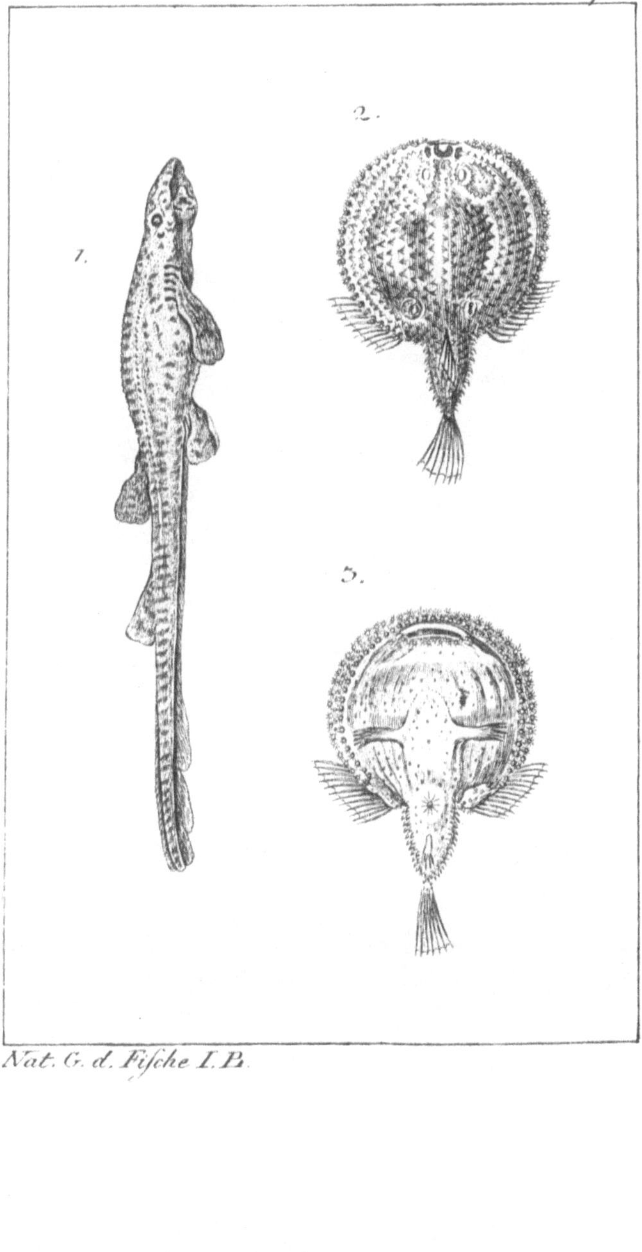

1 SQUALE Ange. Der Meer=Engel.
2 CHIMERE Antarctique. Nordliche See=Ratze.
3 POLYODON Feuille. Polÿodon Feuille.

Taf. 12.

Nat. G. d. Fische I. B.

1 LOPHIE Baudroie. Seeteufel.
2 BALISTE Veille. Das alte Weib.
3 BALISTE Caprisque. Der Stachel Schweinfisch.

Taf 13

Nat. G. d. Fische I.B.

1 LOPHIE Histrion. Die Seekröte.
2 LOPHIE Chironecte. Seeteufel Chironecte.
3 LOPHIE Commerson Seeteufel Commerson.

Taf. 14

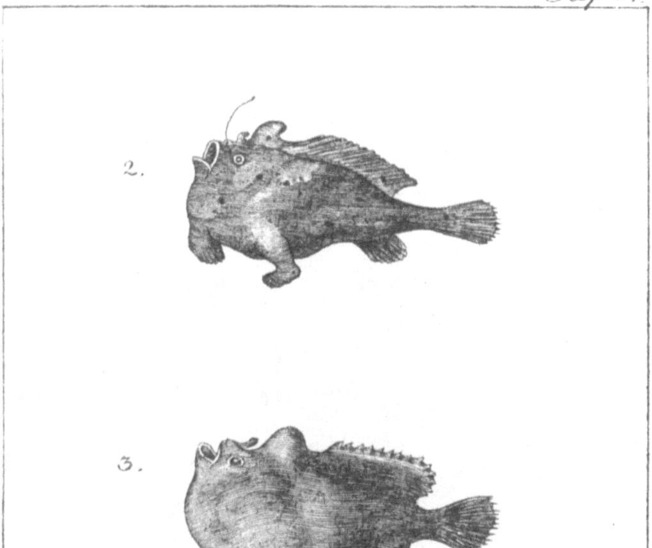

Nat. G. d. Fische I. B.

1 BALISTE Etoilé. Sternhornfisch.
2 BALISTE Noir. Der schwarze Eichhornfisch.
3 BALISTE Bridé. Der gezäumte Hornfisch.

Taf. 15.

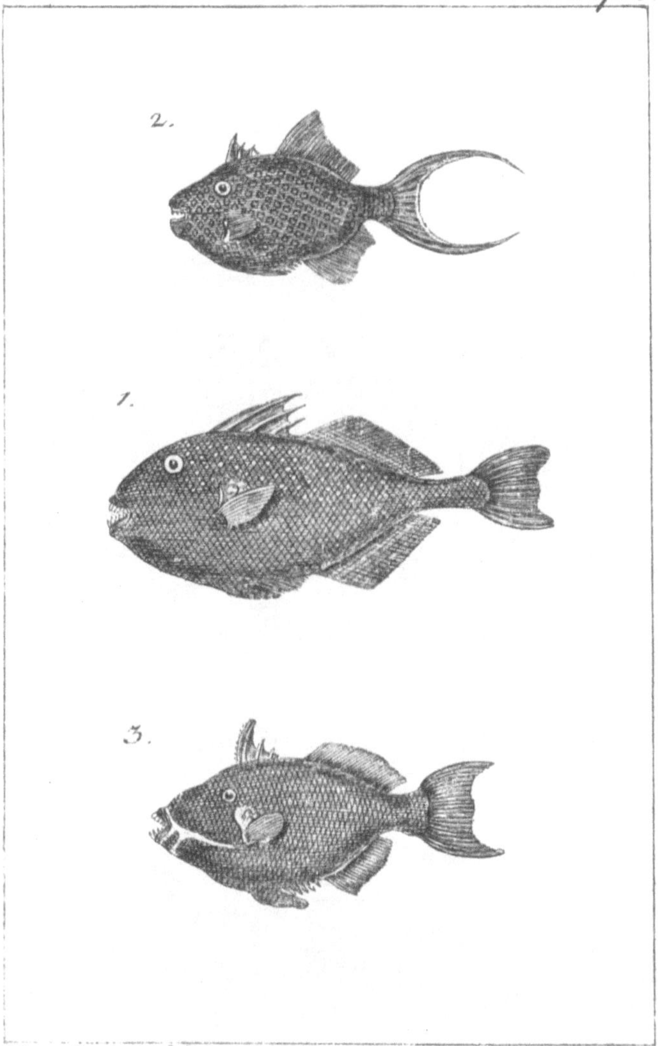

1 BALISTE Écharpe. Die Schærpe.
2 BALISTE Américain. Der amerikanische Hornfisch.
3 BALISTE Verdâtre. Der grünlichte Hornfisch.
Taf. 16.

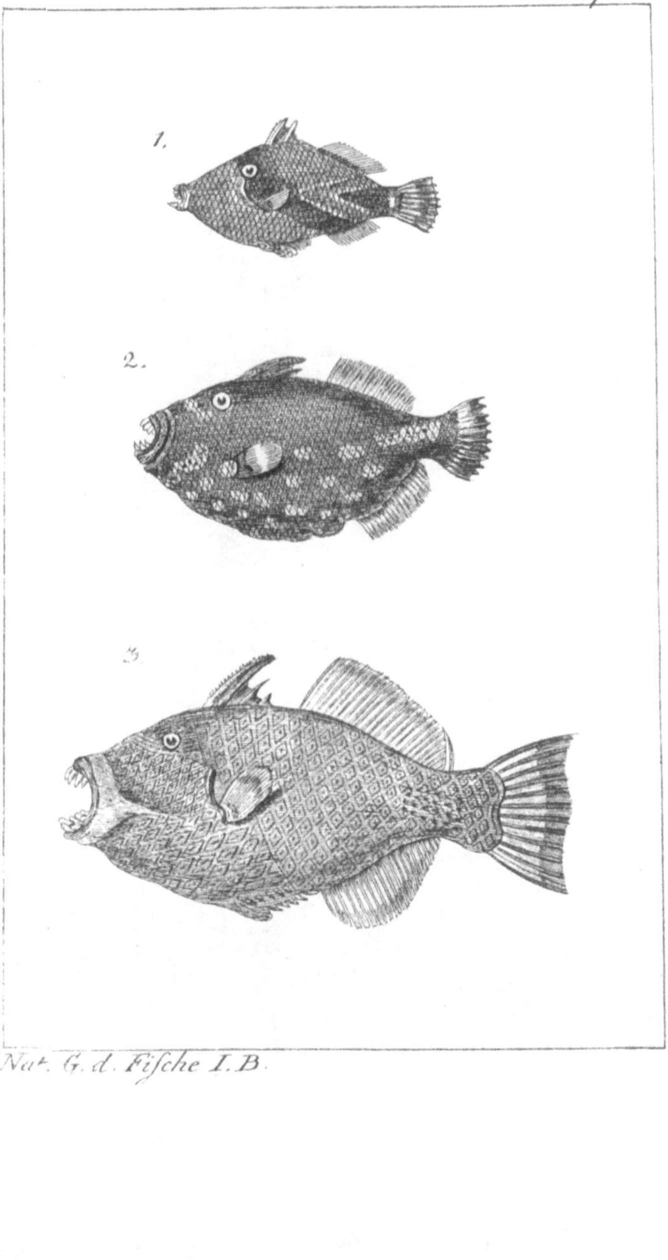

1 BALISTE Epineux. Der Stachelschwanz.
2 BALISTE Cendré. Der aschgraue Hornfisch.
3 BALISTE Monocéros. Der Einhorn Fisch.

Taf. 17.

Nat. G. d. Fische I. B.

1 BALISTE Sillonné. Der Nasenrümpfer.
2 BALISTE Armé. Der bewafnete Hornfisch.
3 BALISTE Hérissé. Die Saubürste.

Taf. 18.

1 CHIMERE Arctique. Die Seeratze.
2 CENTRISQUE Cuirassé. Der Messerfisch.
3 CENTRISQUE Bécasse. Der Schneppenfisch.
Taf. 19.

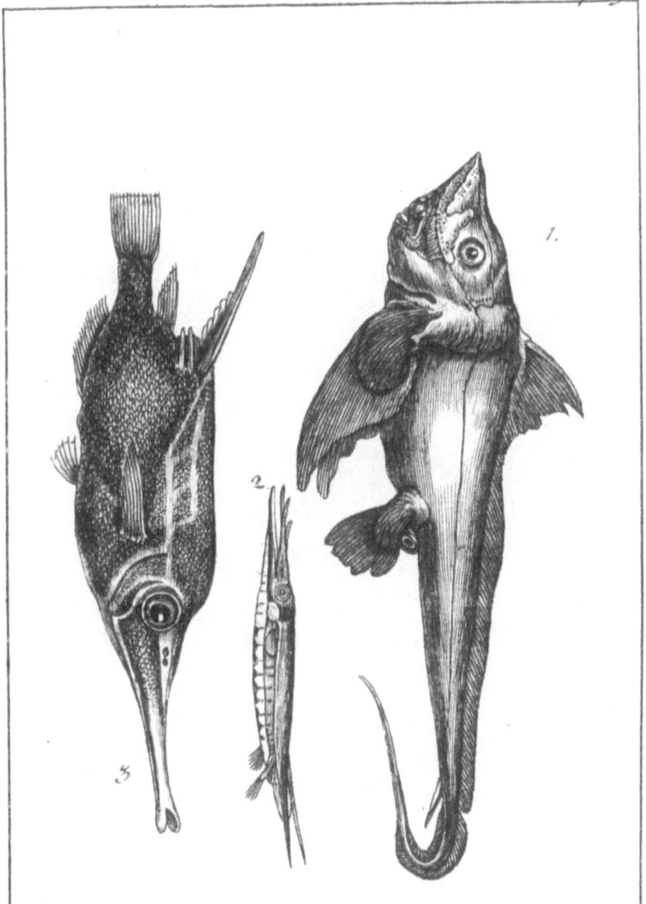

1 ACIPENSÈRE Esturgeon. Der Stöhr.
2 OSTRACION Triangulaire. Das Stachellose Dreieck.
3 TÉTRODON Plumier. Stachelbauch Plumier.

Taf. 20.

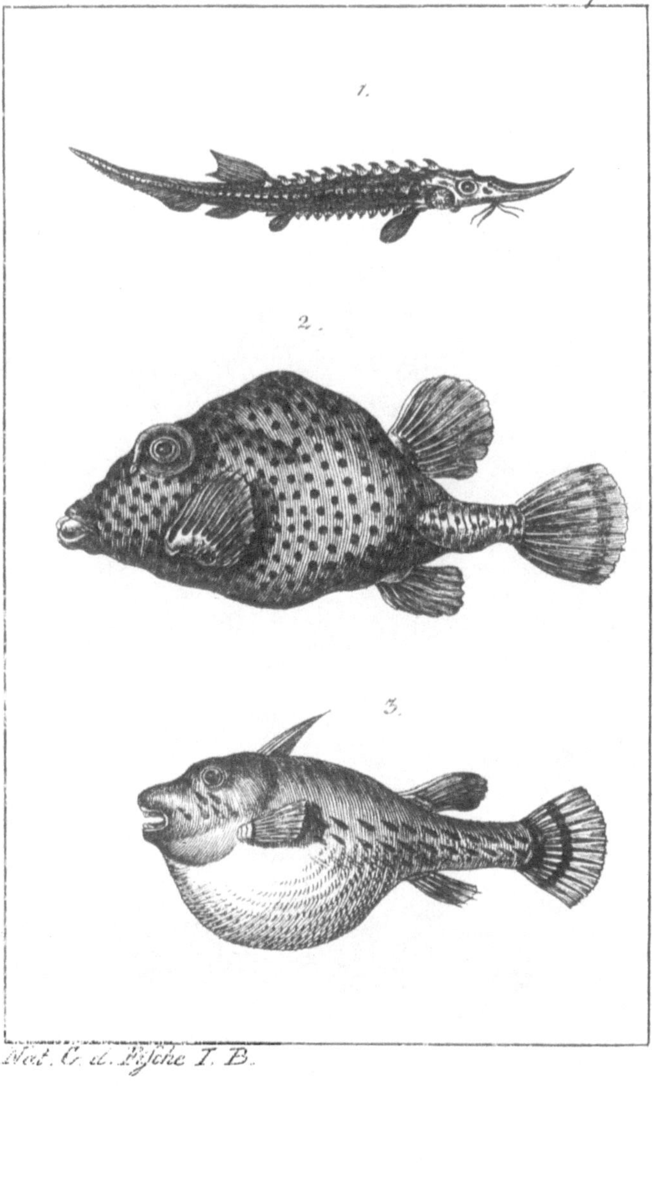

Nat. G. d. Fische I. B.

1 OSTRACION Pointillé. Der punctirte Viereck.
2 OSTRACION Museau-alongé. Der Nasenbeinfisch.
3 OSTRACION Quadrangulaire. Der Seestier.

Taf. 21.

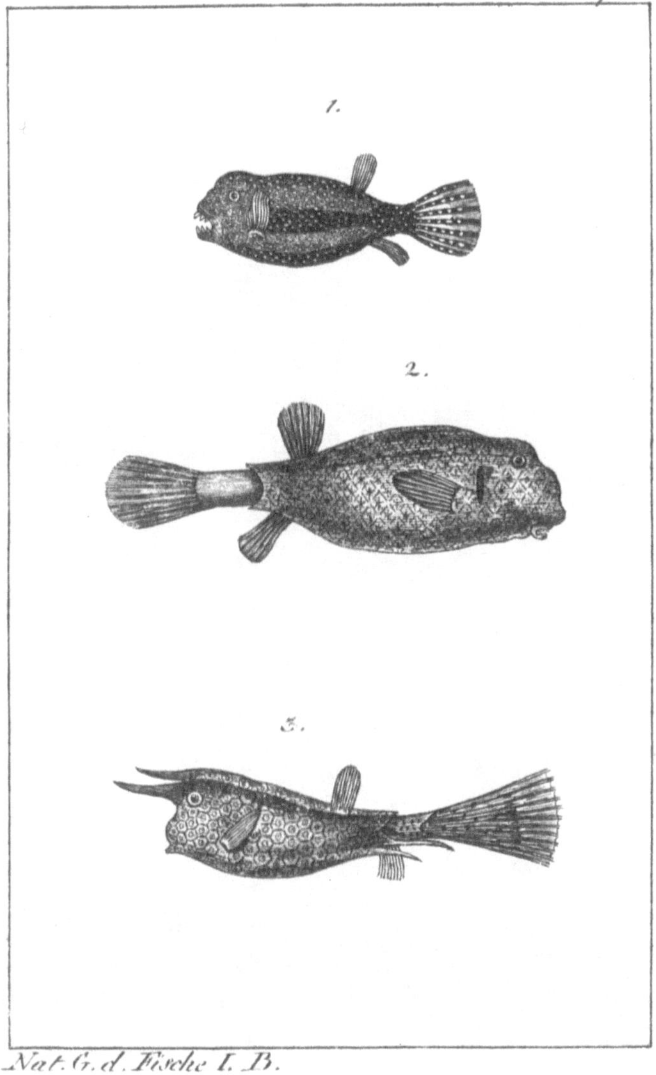

1 OSTRACION Moucheté. Das stachellose Viereck.
2 TÉTRODON Lune. Der schwimmende Kopf.
3 OPHIDIE Chinoise. Der chinesische Schlangenfisch.
Taf. 22.

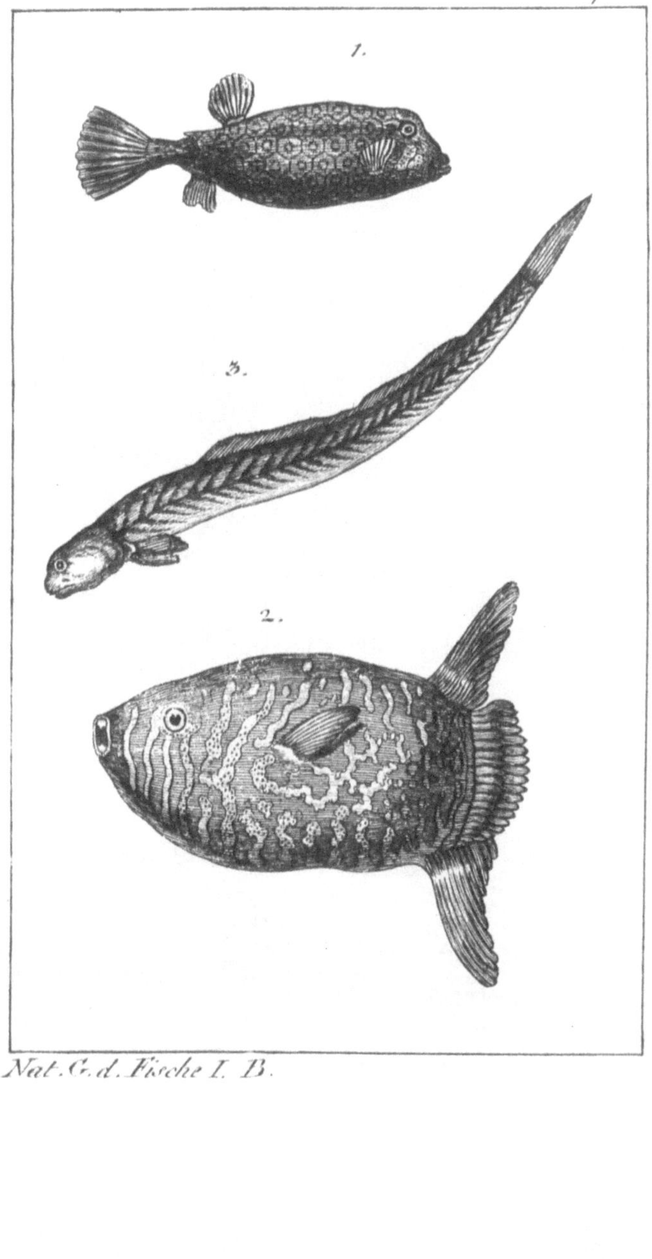

Nat. G. d. Fische I. B.

1 GASTROBRANCHE Dombey. Bauchkieme Dombey.
2 OSTRACION Lister. Das Dreyhorn Lister.
3 LÉPADOGASTERE Gouan. Lepadogestère Gouan.
4 Le meme vu pardessous. Derselbe von unten anzusehen.

Taf. 23.

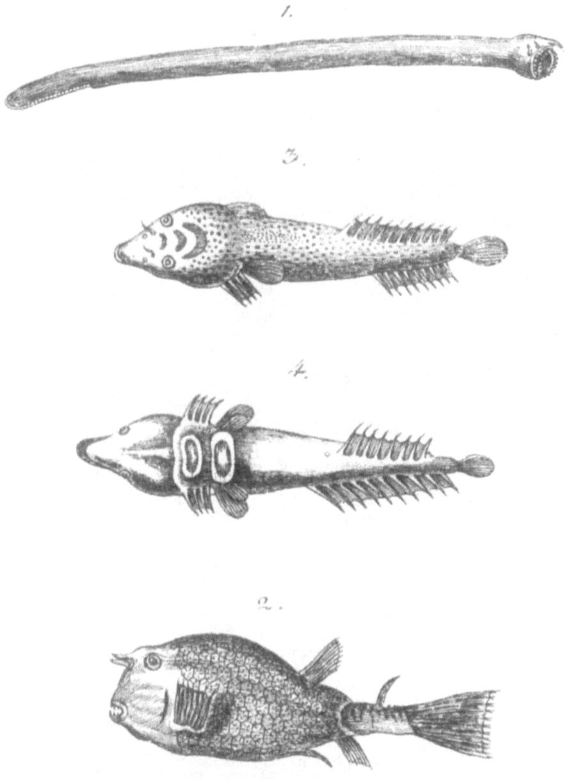

1 TÉTRODON Sans tache. Der ungefleckte Stachelbauch.
2 TÉTRODON Hérissé. Der Seekröpfer
3 DIODON Orbe. Die Stachelkugel.

Taf. 24.

Nat G d Fische I B

1 TÉTRODON Moucheté. Der gefleckte Stachelbauch.
2 OVOÏDE Fascé. Der gestreifte Eiförmige Stachelbauch.
3 DIODON Atinga. Der runde Stachelfisch.

Taf. 25.

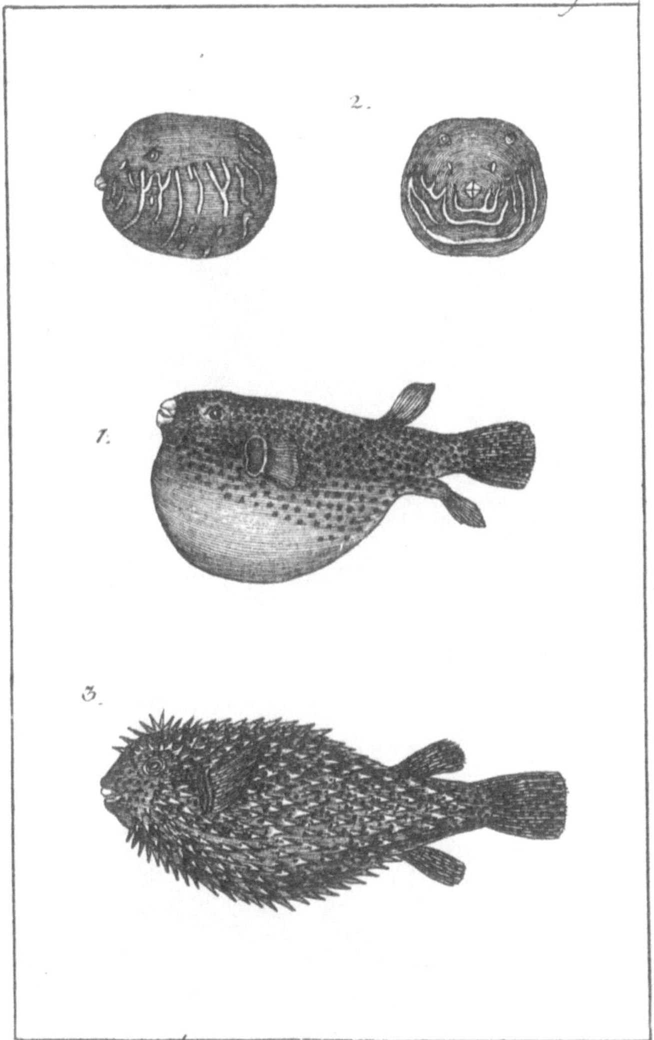

www.ingramcontent.com/pod-product-compliance
Lightning Source LLC
LaVergne TN
LVHW092149300926
849161LV00002B/227